华大博雅·艺术设计系列教材
丛书编委会

华大博雅

艺术设计系列教材

总主编　尹继鸣

BOOK

DESIGN

书籍设计

主　编：章慧珍　周　成
副主编：吴爱珍　谭　军
　　　　黄　曦　张　敏
　　　　谭　晶

华中师范大学出版社

新出图证(鄂)字 10 号

图书在版编目(CIP)数据

书籍设计 / 章慧珍,周成　主编. —武汉:华中师范大学出版社,2014.7
(华大博雅·艺术设计系列教材)
ISBN 978-7-5622-6710-2

Ⅰ.①书… Ⅱ.①章… ②周… Ⅲ.①书籍装帧—设计—教材 Ⅳ.①TS881

中国版本图书馆 CIP 数据核字(2014)第 155757 号

书籍设计

ⓒ 章慧珍　周成　主编

责任编辑:周孔强　何国梅	责任校对:王　胜
封面设计:尹施奇	封面制作:新视点
编 辑 室:高校教材编辑室	电　　话:027-67867364

出版发行:华中师范大学出版社有限责任公司
社　　址:湖北省武汉市洪山区珞喻路 152 号
电　　话:027-67863280(发行部) 027-67861321(邮购)
传　　真:027-67863291
网　　址:http://www.ccnupress.com　　电子信箱:hscbs@public.wh.hb.cn
印　　刷:武汉中远印务有限公司　　督　　印:章光琼
字　　数:220 千字
开　　本:787 mm×1092 mm　1/16　　印　　张:11.5
版　　次:2014 年 12 月第 1 版　　印　　次:2014 年 12 月第 1 次印刷
印　　数:1—3000　　定　　价:55.00 元

总序

教材是体现教学内容和教学方法的知识载体,是高等教育重要的学术内容之一。

今天,我国的艺术设计教育正面临着前所未有的发展机遇,全国千余所学校纷纷开办了艺术设计专业。鉴于社会对该领域人才需求的持续增长和人才标准多元化趋势的要求,如何加快培养更多符合社会急需的优秀设计人才,就成了摆在艺术设计教育工作者面前的重要课题。

针对这一现状,我们进行了认真的分析和探索,深入地研究了当前应用型艺术设计专业本科的办学模式、课程体系和教学方法,力图推出一系列切合当前艺术教育改革需要的高质量、高标准的优秀教材,以促进应用型本科教育办学体制和运作机制的改革。

与此同时,我们组织了一批身处艺术设计教学第一线的专家、教授,以他们多年的教学经验、较高的学术积累和严谨的治学精神,编撰完成了《色彩设计原理》、《平面设计原理》、《空间设计原理》、《游戏艺术设计原理》、《标志设计》、《书籍设计》等艺术设计系列教材。该系列教材从我国高等艺术设计教育的现状出发,立足实际教学,着眼行业发展,正确地把握了当前课程体系的改革方向,注重理论与实践的紧密结合,力求最大限度地提高学习者的理论水平和实践能力。教材的具体内容涵盖了专业知识、专业技能和现代设计理念;案例的选择兼顾了经典性与时代感,满足了艺术设计各门类专业方向的公共性与侧重点的需求;编写的理念重在加强对学生的艺术表现能力、审美判断能力和创造性思维能力的培养。

艺术设计专业项目课程改革在全国迅速推广的今天,我们积极响应并责无旁贷。本套教材以项目课程教学为主要编写方向,着眼国内外最新的信息与观念,突出地强化了项目课程的实训环节。同时,更在教材编撰的形式上进行了尝试性的改革,借以直观明晰的教材架构,最大限度地帮助学生掌握学习方法、明确学习方向、达到学习目的,呈现出"教"与"学"的互动特色,增强教材学习的生动性和实效性。

第一,每本教材的第一章明确而全面地介绍该门课程的设置状况,包括课程概述、教学目的、内容安排,课程教学方法、教学手段以及相应的考核标准等。这些内容提纲挈领地呈现了该门课程的核心内容、学习方法以及拟达到的目标。

第二,各单本教材中,每个章节的开篇均设置独立页面,言简意赅地阐释该章节的课程概述、教学目标和章节重点，以方便学生清晰、明确地掌握该章节的具体学习内容。

第三，每本教材的每个章节之后附有思考题、项目训练、实训标准等，尤其设置了相关课程之外的建议活动。这些建议活动包括对一流学术网站的推介访问、学科关键词的网络搜索、精典设计案例的观摩欣赏等。以寓教于乐的互动学习方式，拓宽资讯渠道，提高学习兴趣。

这里，我们试图将庞大的教学系统纳入有序的教学体系之中，强化知识单元的归属和教学秩序的稳定，将全书的知识点从理论到实践，进行有序地连接，使其富于明确的引导性与适用性。

一套教材在构思、撰写、编辑和出版发行的过程中，势必会有前瞻性、知识性、引导性、实用性等众多方面的要求，其难度可想而知。但我们相信，教材的完成只是一种过程的记录，它只意味着一种改革与尝试的开始，而不是终结。我们迫切地希望它能在未来的教学实践中得以不断地丰富和完善。

需要特别指出的是，为达到更好的教学效果，本系列教材使用了大量的图片及文字资料。本着尊重版权所有者劳动成果的原则，编写者耗费了大量的精力和时间将其中的版权信息完善。但由于精力和能力有限，其中难免有些疏漏，如版权所有者看到本教材，请您与我们联系，我们将奉上薄酬并呈送相关样书为敬。

该系列教材将陆续与广大读者见面，倘若它能给读者些许的帮助与启示，将是我们莫大的安慰。

最后，向曾经关心和帮助本套教材出版工作的老师和朋友们致以衷心的感谢与敬意。尤其要感谢出版社的老师们所做的无私奉献和艰苦努力。因能力所限，本套教材一定会存有不少缺点和差错，衷心希望广大同仁、专家给予批评、指正，以便我们在重印或再版中不断修正与完善。

尹继鸣

2014 年夏于桂子山

目录

第一章
书籍设计课程设置

一、课程概述

　　书籍设计是一门艺术与科学相结合的综合性学科,是装潢设计专业的主干课程。书籍设计是运用文字、色彩、图形、版式等视觉语言,对书籍的封面、扉页、正文等进行全面的策划、设计及制作,通过恰当的书籍材料媒介、装订工艺、印刷工艺呈现出书籍的最佳形态,它是一叠书稿成为一本书籍的整体设计过程。

二、书籍设计课程的教学目的

　　通过对书籍设计课程的学习,使学生全面了解和掌握书籍设计的基本理论知识,并能掌握和运用书籍设计的基本设计规律、技能、技巧;学会运用艺术表现手法传达书籍内容、思想文化,选择恰当的书籍设计形式,完成一本书籍的整体设计。通过学习和训练培养学生的创造性思维能力和视觉语言表达能力,进一步培养和提高学生的创新设计意识和才能。

三、书籍设计课程的教学目标

1. 知识目标

　　要求学生通过本课程的学习了解书籍设计的基本概念,书籍的过去、现在和未来的发展趋势,以及书籍的结构、开本形态;全面掌握书籍设计的理论知识;熟悉书籍设计的策划程序,对书籍设计的个案能进行客观的分析和评价。

2. 能力目标

　　运用书籍设计专业的理论知识对个案实例进行策划及整体的设计,培养全面的书籍设计能力、创意思维能力,提高书籍设计的表达能力。

3. 训练目标

　　通过具体的项目设计练习,训练学生在书籍设计领域的拓展能力,包括版式设计、文字设计应用、正文编排设计、书籍材料工艺的运用等;加强平面设计中文字、色彩、图形、版式在书籍设计中的应用;提高视觉语言的表达能力。

4. 实验目标

　　学生通过进行市场调研、报告分析和案例策划这一过程,掌握从开本形态、封面设计、扉页设计、正文设计、版式设计、文字、色彩到书籍的材料、印刷工艺等书籍设计能力与运用表现手法等,完成实验目标。

5. 综合目标

启发学生综合运用相关专业课程知识的能力,增进文化知识与审美素养的提升,深化学生创造性思维能力的培养,提高书籍设计的文化内涵。培养学生良好的书籍设计能力和团队合作完成策划、设计的能力,进一步培养学生的专业动手能力和团队合作精神。

四、书籍设计课程的教学内容

1. 讲授内容

（1）书籍设计课程设置；

（2）书籍设计概述；

（3）书籍的基本结构；

（4）书籍设计的流程与原则；

（5）书籍的开本与形态；

（6）封面设计；

（7）前辅文设计；

（8）正文设计；

（9）材料与工艺。

2. 设计实践

（1）参与"建议活动",增进分析、思辨与创意的能力,促进"教与学"的互动；

（2）访问学习网站,深化专业知识、树立专业思想、强化综合能力；

（3）按课程各章节知识展开课题思考、课题基础练习；

（4）结合市场调研展开命题设计训练,完成设计内容并制作出样书。

五、书籍设计课程的教学进程

1. 讲授：24 学时

（1）讲授相关理论知识；

（2）国内外经典案例评析；

（3）讨论课题思考或分析,点评学生基础知识练习方案。

2. 基础练习：24 学时

按课程的各章节课后的课题思考和课题训练对基础知识展开练习。

3. 命题设计：24 学时

根据命题进行整体的策划、创意构思、设计方案和制作出样书。

（1）学生以若干人分成一组共同完成一个主题的设计；

（2）在老师的指导下，可根据每组学生的共同兴趣和特征进行选题；

（3）小组成员进行共同讨论、分工协作，完成设计和制作。

4. 考评

（1）讲评与总结；

（2）按作业要求与考核标准评定成绩。

六、书籍设计课程的教学方法与手段

1. 课堂讲授与作品赏析、案例分析与专题辩论相结合

2. 板书与多媒体课件教学相结合

3. 书店、图书馆市场调研考察与课堂学生作业互评、教师点评辅导相结合

4. 命题设计将分组分工协作与集中讨论相结合

七、书籍设计课程的作业要求及考核标准

1. 基础练习：按课程的各章节课后的课题思考和课题训练对基础知识展开练习

2. 命题设计：完成命题的书籍整体设计项目

（1）进行市场调研和分析、完成书面报告；

（2）进行全面的策划、设计，并制作完成书籍的样书。

3. 考核标准

（1）设计主题明确、有创意：30%；

（2）设计的形式感和表现能力强：30%；

（3）选择材料应用确切、制作工艺精美：10%；

（4）整体效果：20%；

（5）学习态度：10%。

第二章
书籍设计概述

课程概述

本章主要介绍书籍设计的基本概念，介绍书籍设计的发展历史，并对书籍的各种历史形式进行扼要阐释。

教学目的

通过本章的学习，学生能对书籍设计的基本概念和发展历史有较为清晰的理解，并了解各时期出现的书籍的形式和名称。

章节重点

书籍设计的基本概念、历史发展进程及各种形式。

参考课时

4 学时

阅读书籍链接

1.《书艺问道》，吕敬人，中国青年出版社，2006年。

2.《中国古代书籍装帧》，杨永德，人民美术出版社，2006年。

3.《亚洲的书籍、文字与设计：杉浦康平与亚洲同人的对话》，[日]杉浦康平，生活·读书·新知三联书店，2006年。

网络学习链接

搜索关键词：古书籍　书籍的发展　书籍样式　工艺美术运动　新艺术 19~20
世纪艺术流派　古登堡

▨||第一节　书籍设计的概念

　　书籍是记录、传播文化与知识的重要媒介。自有文字以来，书籍就一直与其相伴而行。在历史长河中，文字的变革、材料的创新、印刷方式和人们主观愿望的改变，都对书籍形式变化产生着重要的影响。在不同的历史阶段，各国各民族都有制作精美的书籍产生。可惜的是，在这些书籍里我们没能找到制作者的名字，也难于发现针对这些书籍形式的理论依据，即便是有也是相当的少。能确定的是，它们由一批技术娴熟的工匠制作完成，而关于书籍形式的设计除技术外更多的是出于哲学和宗教思想的考虑。这时，书籍的美还没有独立出来，它们的形式是片面的、单调的、简单的和纯功能性的。

　　把书籍当做艺术品、建筑来绘画和设计则是近几个世纪的事。其代表人物首推 19 世纪工艺美术运动的领导者威廉·莫里斯，他与同伴的努力让人们对书籍形式的看法开始发生转变——书籍也需要设计。此后，书籍的材料、书籍的版式、书籍的装帧、书籍的印刷技术、书籍主题如何反映在视觉上、书籍如何与读者交流、书籍的自身美等问题，一直成为学者进行理论研究时和设计师进行书籍制作时所关心和考虑的。学者和设计师的关注和努力奠定了书籍设计概念发展的雏形。之后，经过新艺术运动的发展，各艺术流派对书籍形式的探索和国际主义设计风格的影响等，加上现代化电脑技术的普及，书籍设计已成为涉及工艺学、材料学、心理学等学科的综合类设计科目。

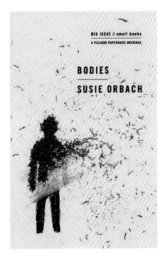

图 2-1-1　Bodies（Henry Sene Yee）

图 2-1-2　Norwegian Wood（John Gall）

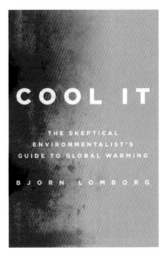

图 2-1-3　Cool It（Chip Kidd）

现代的书籍设计已不是单一地关心书籍的简单装订和印刷美化,它需要设计师以装订工艺、版面的排版、编辑创意、书籍材料等方面为着眼点,全方位统筹,考虑书籍的受众、书籍形式与内容和书籍的时代性等问题,具体是指对书籍开本、字体、版式、插图、护封以及纸张、印刷、装订和材料等事先的艺术设计。当代书籍设计需要设计师以明确的观点和方式去感召读者,延伸阅读中的潜意识,升华书中传达的精神。

图 2-1-4 House of Meetings（Peter M）

图 2-1-5 James Bond Collection（Michael Gillette）

图 2-1-6 Procession of the Dead（Catherine Casalino）

图 2-1-7 La Casa de los Amores Imposibles（Ferran López）

图 2-1-8 走进最美的书 —— 书籍设计艺术展（视觉中国参展作品）

图 2-1-9 走进最美的书 —— 书籍设计艺术展（视觉中国参展作品）

图 2-1-10 《中国现代文学馆馆藏珍品大系·手稿卷》(杨林青)

图 2-1-11 《怀袖雅物 —— 苏州折扇》(吕敬人)

第二节　中国书籍设计的历史与发展

　　书籍在中国拥有悠久的历史。在东方这片最富饶的土地上，最早出现的书也许就是那刻有甲骨文的兽骨和龟壳，这是公元前 11 世纪至公元前 16 世纪的事了。直到公元前 11 世纪至公元 2 世纪，符合现代书籍定义的书才出现，即"简策"。后来，随着造纸术和印刷术的出现，书籍陆续有了卷轴装、经折装、旋风装和蝴蝶装等形式，其中有些书籍形式我们至今仍在沿用。

　　虽然我国书籍的形式有较为丰富的变化，但现代书籍设计的思维萌芽和"书籍设计"一词的出现则较晚。"书籍装帧"一词是我国近现代以来对"书籍设计"的称呼。"书籍装帧"是丰子恺先生于 20 世纪 30 年代从日本引入的。"装帧"解释为通过线将多帧（单张纸折叠可谓一帧）

装订起来,再以书皮和书签进行具有保护功能的装饰设计。这一概念让"装帧"成为对书籍进行简单包装和装饰的代名词,而忽略了书籍的内容、版式、材料、插图、技术的运用等内涵。这多少影响了我国书籍设计的发展,致使书籍装帧长久以来只停留在简单的封面装饰这一层面。"装帧"观念的滞后,阻碍和影响了我国书籍设计艺术的发展进步。

可喜的是,在 20 世纪,特别是新中国成立以后,我国的书籍设计迎来了发展的大浪潮。1956 年原中央工艺美术学院(现清华大学美术学院)成立了书籍设计专业。1959 年,由文化部出版局和美术家协会联合举办了第一届全国书籍展览会,至今已成功举办了 7 届。这都标志了中国书籍设计发展进入新阶段。21 世纪伊始,以吕敬人工作室、吴勇工作室和黑马工作室等为代表的中国书籍设计中坚力量以自身的努力在世界舞台上大展拳脚,中国的书籍设计得到越来越多的来自世界各地的肯定。

图 2-2-1 刻在龟壳上的甲骨文

图 2-2-2 大师虘簋铭文

图 2-2-3 东汉早期《武威医药》木牍

图 2-2-4 敦煌书籍

图 2-2-5 宋朝《孟子注疏解经》(台北故宫博物院)

图 2-2-6 元朝《元丰类稿》(台北故宫博物院)

图 2-2-7　清朝《四库全书》(台北故宫博物院)

图 2-2-8　民国十三年
(1924 年)《民十三之故宫》

图 2-2-9　民国二十六年(1937
年)《鲁迅先生纪念集》

图 2-2-10　20 世纪五六十年代影后林
黛的电影剧照

图 2-2-11　20 世纪七八十年代 《毛
主席语录歌》

图 2-2-12　20 世纪八九十年
代《恶之花》

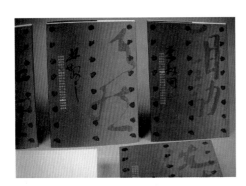

图 2-2-13　20 世纪书法经典（河北教育
出版社，1996 年)

图 2-2-14　《守望三峡》(小马哥，
2004 年)

图 2-2-15　《中国记忆》
(吕敬人，2009 年)

我国书籍形式的历史发展主要可以分为三大类型,也可看成是造纸术和印刷术产生的前期(真空期)、中期(半成期)与后期(完全期)三个时期。一是以简策形式为主,出现在公元前11世纪至公元前2世纪(真空期);二是以卷轴形式为主,出现在公元4世纪至公元10世纪(半成期);三是以册页形式为主,出现在公元10世纪至公元20世纪,其中部分形式至今还在沿用(完全期)。

以下是各时期书籍的主要形式和特点:

一、竹简

竹简是以竹子为材料的一种书籍形式。首先,把竹子加工成统一规格的竹片,再放至火上烘烤,蒸发竹片中的水分,防止日久虫蛀和变形,然后在竹片上书写文字,这就是竹简。如再以革绳相连成册,则称为"简策"。这种装订方法成为早期书籍装帧比较完整的形态,已经具备了现代书籍装帧的基本形式。

二、木牍

木牍是用于书写文字的木片,其使用方法与竹简相同。与竹简不同的是,木牍以片为单位,其形状约为一尺长,一般着字不多,多用于书信,所以后人称书信为"尺牍"。从其所用材质和使用形式来看,在纸出现和被大量使用之前,木牍是主要的书写载体。

图 2-2-16 竹简一　　　　图 2-2-17 竹简二　　　　图 2-2-18 木牍一　　　图 2-2-19 木牍二

三、缣帛

缣帛,是丝织品的统称,与今天的书画用绢大致相同,是非常贵重的物品。缣帛质地轻柔,便于携带保存;可卷、可折叠;书写方便;尺寸长短可根据文字的多少裁剪,也可另加帛续写,然后粘在一起。在先秦文献中多次提到了用缣帛作为书写材料的记载,《墨子》提到"书于竹帛",《字诂》中说"古之素帛,以书长短随事裁绢"。

图 2-2-20　缣帛一

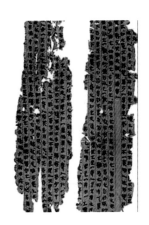

图 2-2-21　缣帛二

四、卷轴装

通过用木棒、象牙、玉石等做轴,把承印物从左向右卷成一束的形式称为"卷轴"。卷轴通常选用的材料为帛或纸。卷轴装书籍形式的应用,使文字与版式更加规范化,行列有序。与简策相比,卷轴装舒展自如,可以根据文字的多少随时裁取,更加方便,一纸写完可以加纸续写,也可把几张纸粘在一起。现在我们还可以在书画装裱中看见卷轴的形式。

图 2-2-22　卷轴一

图 2-2-23　卷轴二

五、经折装

由于纸的出现与普及,书籍的形式有了较大的变化,出现了经折装。经折装是在卷轴装的形式上改造而来的。其具体做法是:将一幅长卷沿着文字版面的间隔中间,一反一正地折叠起来,形成长方形的一叠,在首、末两页(也就是封面、封底)上分别粘贴硬纸板或木板,起保护的作用。它的装帧形式与卷轴装已经有很大的区别,形状和今天的书籍非常相似。经折装的出现大大方便了阅读和检阅,也便于取放。

图 2-2-24　经折装一　　　　　　　　图 2-2-25　经折装二

六、旋风装

旋风装是在经折装的基础上加以改造的。经折装由于长期翻阅会把折口断开,使书籍难以长久保存和使用,所以人们想出把写好的纸页,按照先后顺序,依次相错地粘贴在整张纸上,类似房顶贴瓦片的样子。这样翻阅每一页都很方便。它的外部形式跟卷轴装区别不大,仍需要卷起来存放。旋风装形式只流行了很短的时间。

图 2-2-26　旋风装一　　　　　　　图 2-2-27　旋风装二(图中直尺用来压平,仅拍摄需要)

 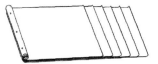

图 2-2-28　旋风装分解图

七、蝴蝶装

　　唐、五代时期，雕版印刷开始盛行，以往的书装形式难以适应飞速发展的印刷业。蝴蝶装因此孕育而生。蝴蝶装是将印有文字的纸面朝内对折，中缝处上下相对的鱼尾纹，是方便折叠时找准中心而设的，书页折完后，按顺序积起方形的一叠，用糨糊粘贴在另一包背纸上，然后裁齐成书。翻阅时，书页像蝴蝶飞舞的翅膀，故称"蝴蝶装"。蝴蝶装自身也有明显不足的地方。一个是因为文字面朝内，每翻阅两页时必须连续翻动两页空白页，才能看到文字；另一个是粘胶的书背，因黏性不强，容易产生书页脱落的现象。

图 2-2-29　蝴蝶装一

图 2-2-30　蝴蝶装二

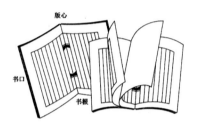

图 2-2-31　蝴蝶装三

八、包背装

　　元代，包背装开始出现，并取代了蝴蝶装。包背装与蝴蝶装的主要区别是对折页的文字面朝外，背向相对。两页版心的折口在书口处，背面相对折叠。翻阅时，看到的都是有文字的一面，可以连续不断地读下去，增强了阅读的持续性。为了防止书背粘胶不牢固，采用了纸捻装订的技术，即以长条的韧纸捻成纸捻，在书背近脊处打孔，以捻穿订，这样就省却了逐张粘胶的麻烦。最后，以一整张纸绕书背粘住，作为书籍的封面和封底。包背装的书籍除了文字页是单面印刷且每两页书口处是相连的以外，其他特征均与今天的书籍相似。

图 2-2-32　包背装一

图 2-2-33　包背装二

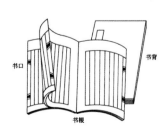

图 2-2-34　包背装三

九、线装

线装出现在明朝中叶,其书籍内页的装帧方法与包背装一样,区别之处在护封,前者由两张纸分别贴在封面和封底上,在书脊处打孔,用线穿牢。线多用丝质或棉质,孔的位置相对书脊比纸捻远,书脊、锁线外露。最常用的锁线为四针眼订法,也有六针眼、八针眼的订法。线装弥补了包背装的纸捻易受到翻书拉力的影响而断开,容易造成书页散落的缺陷。线装书不易散落,形式美观,是古代书籍装帧发展成熟的标志,也是古代书籍装帧的最后一种形式。

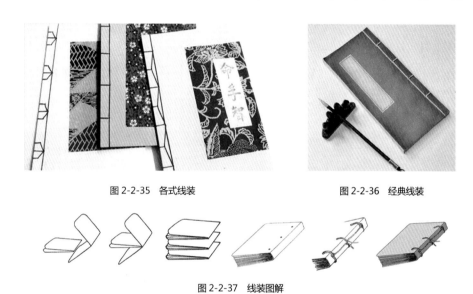

图 2-2-35　各式线装　　　　　　　　　　　　　　图 2-2-36　经典线装

图 2-2-37　线装图解

▨|| 第三节　西方书籍设计的发展历史

在漫长的历史岁月里,西方书籍设计由于缺乏造纸术和活字(包括雕版)印刷术,没能得到长足的进步,书籍只有通过造价高昂的羊皮纸和效率低下的人工抄录完成。

直至公元 11 世纪到公元 15 世纪,随着造纸术和印刷术的传入并被加以利用,这一情况才真正得到改善。之后,德国的谷登堡于 1440 年发明铅活字印刷机,以及文艺复兴运动的兴起和资本主义萌芽的出现,西方书籍设计开始了自身茁壮的成长。特别是 19 世纪中后期开始的工艺美术运动,拉开了现代书籍设计的序幕。西方书籍从历史上看,在装订形式上并不像我国这样形式多样,它们的美主要建立在坚实而华丽的封面、精美而庄重的版式和扎实而讲究的装帧上。从 20 世纪至今,西方书籍设计在保持原有特点的基础上,更加注重现代形式美、材料美、工艺美,有较强的时代性,是现代平面设计中重要的一分子。

一、中世纪以前

西方早期的书籍形成有赖于纸莎草纸、羊皮纸和芦苇笔的使用。芦苇笔用于书写,而纸莎草纸与羊皮纸则是很好的载体。书籍的形式根据两种纸张的特性可以分为两种:一是采用纸莎草纸的"卷轴";二是使用羊皮纸的"册籍"(初期也用于卷轴)。其中,册籍是具有现代书籍特点的书籍形式,在公元 3 世纪和公元 4 世纪得到普及。

图 2-3-1 2 世纪 纸莎草纸　　　图 2-3-2 10 世纪《旧　　图 2-3-3 1768 年《十诫》羊皮纸
　　　　　　　　　　　　　　　　约》羊皮纸

二、中世纪

公元 5 世纪至 15 世纪俗称中世纪,是以宗教为核心的时期。书籍基本为宗教服务,例如僧侣传抄的《圣经》、福音书、祈祷书等礼拜经文。还有部分因抄录法学著作、各类档案和古代拉丁语经典作品等而形成的书籍。只有到中世纪中期才有少量关于世俗作品的书籍出现。在此期间,新出现的鹅毛笔代替了芦苇笔,书籍主要使用羊皮纸,此时书籍的进步主要体现在装帧、版式和开本上。

　　在装帧上,书籍封面已经开始采用皮革,而为了使书籍更加坚固,有时还会配以角铁和搭扣。一些贵重物品,例如黄金、象牙和珠宝等也常用来美化封面。

　　在版式上,常用植物纹样,常见的有围绕文本的框饰、花饰的首写字母和单张的插图等。为了统一书籍的尺寸,则以一张羊皮纸的折法来决定,计法与今天相同,即对开是一折两页,四开是两折四页等。

图 2-3-4　6 世纪的书页

图 2-3-5　10 世纪的封面

图 2-3-6　15 世纪鎏金的《福音书》(塞尔维亚)

图 2-3-7　13 世纪搪瓷和水晶装饰的《福音书》(法国)

图 2-3-8　15 世纪的《圣经》(法国)

三、文艺复兴时期～18 世纪

　　这是一个革命性的时期。中世纪末期造纸术和印刷术已经大范围使用,而 15 世纪中期活字印刷术的产生,则标志着西方书籍的历史进入了一个新的时代。1454 年,具有历史意义的第一本由铅活字印刷的书籍——四十二行本《圣经》诞生。而后,随着文艺复兴运动的兴起,人文主义者与印刷商、出版商合作,开始印刷经典的古代文献手抄本,并加入了商标和版权页,开始使用阿拉伯数字的页码。凸版印刷和木制雕版技术的进步使书中的插图开始增多,而科学的发展和航海业的成就也成为书籍的新内容。

文艺复兴的余热一直延续到 18 世纪。在此期间,为了便于携带,书籍的开本逐渐变小,由8 开到 12 开,再到 16 开,甚至 24 开也出现过;书籍开始注重标题的重要性,有意识地根据阅读的感受,把标题排列得错落有致;工具书也开始出现。

图 2-3-9　书名未知（15 世纪）

图 2-3-10　The Zodiac and the Body（15 世纪）

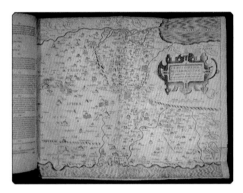

图 2-3-11　Theatrum Terrae Sanctae et Biblicarum Historiarum Cum（17 世纪）

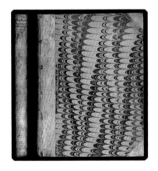

图 2-3-12　Nederlantsche Historie（17 世纪）

图 2-3-13　The History of the Reformation of the Church of England（17 世纪）

图 2-3-14　The Book of Pontifical Services（18 世纪）

四、19 世纪～20 世纪

19 世纪～20 世纪是书籍设计蓬勃发展的时期。在书籍成为普及性信息媒介的背景下,印刷技术的发展和书籍设计概念的被重视,无疑都成为书籍设计进步的强有力的支撑。其中,机械造纸机、轮转印刷机使印刷技术加快发展；摄影、石印、分色制版，包括锌版制造术、网版技术、胶版技术和电脑的无版印刷技术的普及，都使书籍设计拥有了广阔的创作空间。而19世纪以来的各种艺术流派及运动，又给书籍设计注入了新的血液，不断更新人们对书籍设计的认识。这一时期，书籍设计风格逐渐由繁琐向简约转变，从复杂的纹样装饰到简洁直白的线条，灵活多变的版式代替了单一庄重的构图等，种种变化让人应接不暇。各种艺术流派如英国的工艺美术运动、德国的表现主义、意大利的未来派、俄罗斯的构成主义、荷兰风格派、德国的包豪斯主义、国际主义设计风格和波普艺术等都对书籍设计的发展有突出的贡献。

图 2-3-15　the Pie and the Patty-Pan（London，1905 年）

图 2-3-16　表现主义风格

图 2-3-17　未来派风格

图 2-3-18　构成主义风格

图 2-3-19　风格派风格

图 2-3-20　包豪斯主义

图 2-3-21　国际主义风格

图 2-3-22　波普艺术

图 2-3-23　达达主义

课题思考

1. 什么是书籍设计的概念?

2. 中国书籍在发展过程中经历了哪些形式?

3. 你对西方书籍设计的发展有何认识?

建议活动

1. 阅读《书籍艺术史》(邱陵著)和《书籍设计艺术》(余秉楠著)。

2. 欣赏历届全国书籍展览会入选和获奖作品以及德国莱比锡"世界最美的书"作品。

3. 欣赏吕敬人书籍设计作品。

第三章
书籍的基本结构

课程概述

本章节的内容是书籍设计的基本理论，主要介绍书籍内部结构及其特征，包括封面、封底、护封、书脊、护页、扉页、环衬、勒口、正文、版心、页码、书眉等，介绍书籍的各部分以及它们在书籍中的结构特征。

教学目的

通过对书籍设计基本知识的学习，使学生对书籍设计的结构特征和各部分的基本元素有较清晰的认识，为后面的学习打下坚实基础。

章节重点

书籍的内外部结构及其特征，书籍结构各部分基本要素之间的关系。

参考课时

2 学时

阅读书籍链接

1. 《书籍形态设计》，张森，中国纺织出版社，2006年。
2. 《书装百年 》，张潇，湖南美术出版社，2005年。
3. 《吕敬人书籍设计教程》，吕敬人，湖北美术出版社，2005年。
4. 《书籍设计》，蒋杰、姚翔宇，重庆大学出版社，2007年。
5. 《书艺问道》，吕敬人，中国青年出版社，2006年。

网络学习链接

网站：http://www.artqi.com/i-adver/index.htm1
http://www.apoints.com/graphics/sjds/gwsjs
http://www.3visua13.com/fmsj/1056901.htm
搜索关键词：书籍设计　基本要素

第一节 封面的组成

书籍的封面是版面构成的重点及首要环节，通过特定的艺术形式展现书籍主体的内在精神。封面的狭义解释是指书籍的首页正面，在广义上是指包在书籍外部的整体，包括封面、书脊、封底、勒口、环衬、护封、函套。封面又是书籍版式设计中护封和内封的总称（见图3-1-1）。

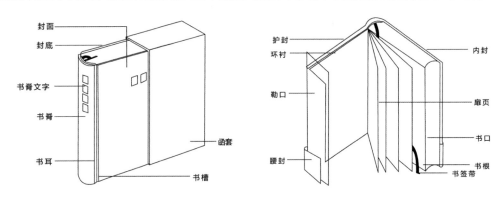

图 3-1-1 书籍的结构

一、封面

封面是书籍设计的外表，是集中体现书籍整体内容的。封面也称为"书皮"、"封皮"，它的主要任务是表达书籍的内容和保护书籍。通过文字、图形和色彩把书籍内容信息准确传达给读者。封面通常印有书籍、作者、译者和出版社的名称。

《意匠文字》龙、凤卷，封面图形采用民间传统绘画的形态，文字用庄重的老宋体，色彩是单纯古朴的蓝色系列，并结合传统线装方式和翻阅方式，将我国传统民俗文化表现得淋漓尽致。

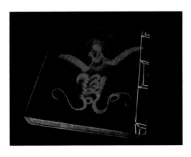

图 3-1-2 《意匠文字》(王序)

图 3-1-3 the Fringe Projects (Andreas Emenius, Henrik Vibskov)

图 3-1-4 《赵氏孤儿》(吕敬人)

二、书脊

　　书脊又称封脊，是书的脊部，连接书的封面和封底，它的厚度与书心相近，是书籍结构的关键部分。当书籍整齐叠放于书架，书脊即展现出整本书的功能与信息，此时它的视觉呈现度超过了封面。因此，书脊的设计不可忽视，它传达书籍的信息内容，包含书名、编著者名、出版社名等信息，方便读者在众多繁杂的书中查找。

　　书脊的设计应简洁大方，要以封面、封底的设计风格一致，精装书结合压痕、丝网印刷、烫金、烫银等多种工艺手段，创造具有独特视觉美感的书脊设计。中国少林寺系列丛书的设计体现古朴与典雅之美，封面和脊部利用烫金、凸压印等工艺，若隐若现的文字与图案使书籍显得庄重、华丽、典雅，富有鲜明的历史文化特色。脊部的设计简洁、精美、内涵丰富，既体现了中华传统文化的博大精深，又极具现代感。

图 3-1-5　中国少林寺系列丛书 (吕敬人)

图 3-1-6　中国民间美术全集 (吕敬人)

三、封底

　　封底又叫封四或底封，是书籍的最后一页，它与封面、书脊相连。书籍封底与封面相比显得次要些，封底的图像、色彩和文字设计与封面、脊部风格要和谐，突出主次的节律美，封底一般包括条形码、统一书号和定价等文字信息内容，但也有期刊将书号、定价和条码印在封面上，而把封底作为版权页或印有其他的文字、图片。

　　澳大利亚著名设计师 Ken Cato 设计的书籍 *FIRST CHOICE*（图 3-1-7），其封底将图像、色彩和文字等不同的视觉元素进行有机的排列组合，从大小、位置和比例关系方面整合这些元素，形成规律性的秩序美，表达出丰富的精神内涵，营造出简洁、雅致的整体的设计风格。

图 3-1-7　FIRST CHOICE (Ken Cato)

图 3-1-8　《朱鄂设计作品集》(朱鄂)

四、勒口

　　勒口又称折口，早期只使用在精装书上。现代书籍的勒口普遍运用到精装书和平装书中，起到保护和美化书籍的作用。勒口通常有书籍作者、内容的简介或与书籍相关的信息，读者可以通过勒口了解书籍的基本内容。勒口通常宽度为 5～10 厘米，有些勒口有封面的三分之一、三分之二或一比一的宽度，在设计上与封面、封底的设计风格一致。《版式设计攻略》在书籍的勒口安排有内容介绍和简短的评论，读者通过勒口的信息对书籍的内容有了初步的了解。勒口的设计采用轻盈直线条的高色调对比，整个版面充满活力，具有强烈的时代气息。

图 3-1-9　《灵蛇百相》(黑马)

图 3-1-10　《美猴百相》(黑马)

五、环衬

　　封面与书心之间，常有一页连接封面和内页，亦即封面后、封底前的空白页，叫环衬。环衬页有前环衬和后环衬,连接封面和扉页的叫前环衬,连接正文和封底的叫后环衬。它的作用在于使封面和书心之间粘贴牢固,保护书籍。

　　环衬是精装书不可缺少的部分,有一定厚度的平装书也应考虑采用环衬。环衬设计也有讲究,要根据书籍的内容对环衬进行整体的设计,如理论书籍、科技书籍、艺术书籍、古典书籍、儿童读物、青少年读物等对环衬的设计要求都不一样。图 3-1-12、图 3-1-13 采用抽象、照片、图形的表现,其风格内容与书籍整体设计保持一致,色彩与图形有弱的对比也有强的对比,在视觉上产生由封面到正文的过渡。

图 3-1-11　BCAD (Dirk Laucke, Johanna Siebein)　　　　图 3-1-12　《薛博兰——平面设计师之设计历程》(王序)

六、护封

　　护封亦称封皮、前封面,是包裹在书籍封面外面的另一张外封面,有保护封面和装饰的作用。护封的使用非常普遍,既能反映书籍内容,又能使书籍免受损坏。护封对纸张要求较高,一般前封放置书名、作者名、出版社名和装饰性的图形,有勒口。在护封的书脊要印上书名、作者名和出版社名。护封的后封设计要考虑与前封、书脊的延续性,可用来介绍这本书的内容或是与本书籍相关的宣传文字,另印上书名、书号和条形码,多用于精装书。书籍有了护封,封面被护封覆盖,封面的设计就简洁一些。护封一般文字跳跃,色彩鲜明,图形简约生动,营造出自由、活跃、清新雅致的整体设计风格。

七、函套

　　函套也称为书套或书函,精美和设计考究的丛书、古籍、多卷本书籍用函套的设计较多,其作用是保护书籍，易于收藏。函套的形式多样，有插入式、全包式、半包式。函套的设计以插入式的形态较多，随书的大小、厚度而定，用五面纸板订合，一面开口，书籍插入后与函套盒口平齐。全包式是将书籍的六面全部包裹；半包式是四面包裹，露出书的上下口。函套的材料常用较厚的纸板、木质、牛皮、丝绸或靛蓝布。《中国锣鼓》函套以鼓身木材的为机理，配以半圆弧形的鼓钉，从视觉、触觉给人古朴、典雅的感觉，富有深厚的文化内涵，呈现出时代精神，体现了美感与功能之间的完美和谐。

图 3-1-13 《斋藤诚——平面设计师之设计历程》（王序）

图 3-1-14 FIRST CHOICE

图 3-1-15 《书戏》（吕敬人）

图 3-1-16 《中国印·舞动的中国》（吴勇）

图 3-1-17 《中国锣鼓》（王春声）

图 3-1-18 《朱仙镇木版年画》（海洋）

■■‖ 第二节　前辅文的结构与内容

前辅文位于封面或环衬后,书籍正文前,起到补充封面的作用,内容比封面更详细,是书籍进入正文部分的过渡。

前辅文的次序是:(1)护页;(2)空白页(像页或卷首插页);(3)扉页(书名页);(4)版权页;(5)序言(赠献题词或感谢);(6)空白;(7)目录。在前辅文的组成中,空白页占据一定的页数,一般位于书籍封面或衬页的后页和书籍目录或前言的前页,是为了衬托和强化页面的效果。精装书留的空白页比简装书多些,空白页也可以印有书籍的版权记录或图案装饰,增加书籍的美观性。

一、扉页

扉页也称书名页或内封,指书籍封面之后印着书名、作者名、出版单位名等信息的一页。扉页的设计简洁明快,内容较少,一般以文字为主,有的加装饰性的图形,艺术的表达形式与封面风格保持和谐,同时又有自身特点,形式语言不能繁琐,会留出大量空白,避免对封面产生喧宾夺主的感觉。

现代扉页的设计也有延伸到左面的空白页,作为整体的设计,设计的元素是装饰图形、插图以及文字信息,重要的文字信息仍放在右页,呈现出相互呼应的视觉美感(图3-2-1、图3-2-2)。

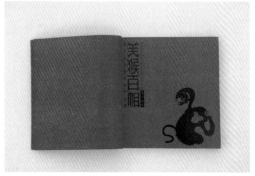

图3-2-1 《英国陶艺设计基础教程》(安东尼·奎因)(英国)　　图3-2-2 《美猴百相》(黑马)

 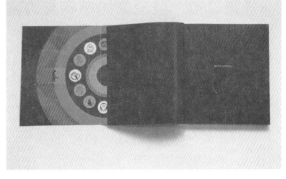

图 3-2-3 《书形》(王绍强)　　　　　　图 3-2-4 《美猴百相》(黑马)

二、护页

护页最初的功能是起到保护书籍的作用,因而极少装饰,力求单纯、简洁,作为视觉上一种过渡,延伸引入正文,激发读者的阅读兴趣。许多书籍为讲求实用,去掉或省略了护页。

为丰富扉页和呼应封面内容,有的书籍把书名和作者名排在版心的上方,有的印上小插图和书名,增加版面的视觉美感。也有用护页代替赠献页,印上作者签名、题词或作者像和简介的做法(图 3-2-4)。

三、版权页

版权页的内容包括书名,作者、编者、译者、出版者、发行者和印刷者及其所在地,图书在版编目(CIP)数据,书刊出版营业许可证的号码,开本,印张和字数,出版年月、版次、印次和印数,统一书号,封面设计者,责任编辑,责任校对,印制责任人和定价等。

版权页一般安排在正扉页的背面,或者正文后面的空白页反面,也有些书籍把版权页印在书籍的末页。文字信息处于版权页下方和书口方较常见。在版权页的文字当中,书名字体略大,其余文字分类排列,有的运用线条分栏,版面形式清晰简洁,易于查询书籍信息。

四、赠献页

一些作者为了赠献给对编著该书籍有很大帮助的亲属、挚友、导师或与书籍内容有关的人物,对他们表示感谢,或为印上自己或别人的题词,会在书中加入赠献页。

书籍扉页部分是否需要赠献页,应根据不同书籍的特点和要求来决定。赠献页的设计简洁、朴素,文字比正文一般要小一些,重要的题词或亲笔题词采用手写体会产生不一样的心理效果(见图 3-2-5)。

图 3-2-5 《图形设计》(加文·安布罗斯)

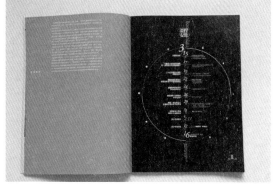

图 3-2-6 《版式设计风格化》(王绍强)

五、目录

目录是全书内容的提要和纲领,显示出全书各章节标题先后层次,便于读者检索。

目录一般放在扉页或前言之后。章节内容如果太多,目录可分页、分栏或用小标题排列,结合字体、字号、色彩逐级加以区别,字体、字号、色彩的编排设计要体现自身的形式魅力,又应和正文格调一致。目录的结构应层次分明、清晰,能够迅速传达全书内容信息(图 3-2-6)。

六、序言

序言,又名"前言"、"引言",是附在正文的前面或后面的文章,是作者、编者、译者亲自撰写或请名人代写的文章。写在正文前面的称为序言、前言;写在正文后面的称为后记、跋、编后语等。其目的是向读者说明出版此书的缘由、经过或书籍的思想内容、艺术特色。

序言版面篇幅不大,字数不多。虽然这部分不如正文重要,但在字体设计和编排上要与正文的编排形式统一,同时又要有自身的个性,以调动读者的阅读趣味性(图 3-2-7、图 3-2-8)。

图 3-2-7 《吕敬人书籍设计教程》(吕敬人)

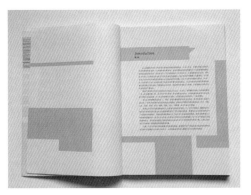

图 3-2-8 《版式设计攻略》(曾希圣)

第三节 正文的结构与格式

一、正文

正文是书籍的重要核心部分,读者通过阅读正文了解书籍的整体内容和思想。正文直接与读者交流,它在版式的设计上要考虑读者的阅读习惯和心理状态。

正文是由版心、页码、书眉等元素组成。正文的设计应提高版面的"悦读性"、"易读性",版面的设计上不仅要体现出鲜明个性和整体统一的视觉效果,还要运用各种视觉要素和构成元素,并加以组合排列,在视觉上传递出一个有序的、和谐的、赏心悦目的阅读空间。

中国传统的书籍都是采用直排的形式,自上而下阅读;中国现代的书籍和欧洲的书籍大多都采用横排,从左到右阅读。横排更符合人的阅读心理,减轻视觉阅读疲劳。何见平《国际平面设计师一百单八将》(图 3-3-1)正文字体版面形式优美,大标题、小标题和正文内容层次清晰,节奏多变,色彩单纯、跳跃、优雅。版面的图片与文字的编排随意、空间灵活,给人畅快淋漓的视觉感受。

二、版心

版心亦称版口、书口,即书籍页面上的文字和图形信息部分,在每页版面正中的位置,包含章、节、标题、正文、图表、公式以及附录、索引等。版心的四周留有一定空白,上面叫上白边,下面叫下白边,靠近书口和订口的空白分别叫外白边和内白边,这四个白边,也依次称为天头、地脚、书口和订口。版心空间的白边应预留空间,避免装订成册时把文字装订起来而影响阅读。

　　版心在版面上所占位置的大小,直接影响到版式的视觉美感。书籍的开本决定版心的设计,不同开本的版心规格也不相同,要根据书籍的性质和内容来确定版心与边框、横与竖、疏与密、高与宽、长和短、天头地脚和书口订口之间的比例关系(图 3-3-3、图 3-3-4、图 3-3-5)。

图 3-3-1　《国际平面设计师一百单八将》(何见平)

图 3-3-2　《书戏》(吕敬人)

图 3-3-3　首届北京国际设计周 (2009 北京世界设计大会组委会)

图 3-3-4　Van Lanschot NV Annua 1 Report (Hans Bockting,Tim Baumgart-garten)

图 3-3-5　Da schau her (AWR-Anzinger Wüschner Rasp)

三、页码

页码是用以标示书籍版面顺序的数字。它使全书的前后整齐有序,是书籍版面设计必不可少的部分,其作用在于易于读者查阅书籍内容。

页码的编排方法有两种:一种是前言、目录与正文分开标示页码,另一种是从前言、目录开始与正文统一标示页码。书籍的页码的位置根据版式的编排来安排,一般用阿拉伯数字排在天头、地脚、书口或订口的某个位置, 也可以将页码和页眉一起进行设计 (图 3-3-6、图 3-3-7)。

图 3-3-6 《美猴百相》(黑马)

图 3-3-7 《灵蛇百相》(黑马)

四、书眉

书眉是指天头空白处的页面装饰。一般印有书名、篇名、章名或刊名等信息,通过书眉可以了解书页与章、节的关系,给读者翻阅时带来方便,同时起到美化版式的作用。一般单页排章节名,双页排书名。现代书眉的设计充分利用版心空白处的所有空间,形式更加多样,丰富了书籍的视觉美感(图 3-3-9)。

五、标题

标题标明正文内容的逻辑结构,使文章的内容层次清晰明了。就标题层级而言,篇下面再分章、节、小节和其他小标题等,层次可以十分复杂。标题所占版面位置的大小,应根据书籍版式的设计要求而定。为了在版面上准确表现各级标题之间的主次,除了对各级字号、字体予以区别外,版面空间的大小、装饰纹样的繁简、色彩的变换等都是可考虑的因素(图3-3-10)。不同的书籍标题,版式设计形式的表达也不同,如艺术设计类书籍的语言简洁、清雅,标题突出、醒目,版面清新、活跃,讲究空间的留白;儿童读物要引人入胜、生动活泼,标题的设计突出儿童的心理特征,增加阅读的趣味性。

图 3-3-8　《书戏》(吕敬人)

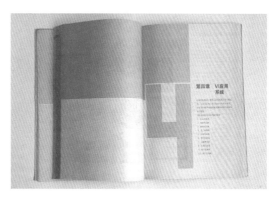

图 3-3-9　《VI 设计模版》(肖勇、刘东涛、图雅)

图 3-3-10　《美猴百相》(黑马)

六、插图

插图是书籍的重要组成部分。书籍的内容与插图配合在一起,在版心的位置穿插图片,直观地围绕书籍的内容进行说明,帮助读者理解内容,既能增加书籍阅读的趣味性,又能给人视觉愉悦的享受。清代《书林清话》说:"古人以图书并称,凡有书必有图。"这说明了插图与书籍的关系。如果插图只强调艺术的表现性而忽略与书籍内容的联系,不能对书籍的内容表达起到辅助配合的作用,就不能成为插图。插图一般应反映书籍的内在精神和作者的写作风格(图3-3-11、图3-3-12)。

图 3-3-11　Da schau her(AWR-Anzinger Wüschner Rasp)

图 3-3-12　《胡桃夹子》(霍夫曼)

课题思考

1. 书籍的封面、封底、书脊有什么特点?

2. 如何理解扉页的含义和特征?

3. 环衬的作用是什么?

4. 正文结构由哪些元素组成?为什么说它是书籍的重要核心部分?

5. 版心四周的白边,依次称为什么?有什么作用?

建议活动

1. 到图书馆、书店了解各种书籍的结构、设计和特点,收集十本以上的书籍结构设计,并相互交流意见。

2. 上网查阅有关资料和知识。

第四章
书籍设计的流程与原则

课程概述

本章主要介绍现代书籍设计的整体设计流程，从前期的采编、调研到创意设计以及后期的印刷、装订等角度，讲解书籍设计的基本原则和规律。

教学目的

通过本章节的学习，使学生树立整体设计的概念，了解并掌握书籍设计的一般设计流程以及整体书籍设计中相辅相成的各环节之间的关系及其重要性。让学生结合书稿的内容特点和读者群的定位，确立设计风格和合适的材质等，并遵循书籍设计美的原则对书籍进行整体设计。

章节重点

让学生认识书籍设计流程，能理解书籍设计的基本原则并运用到设计中。

参考课时

2 课时

阅读书籍链接

1. 《书艺问道》，吕敬人，中国青年出版社，2006年。
2. 《书籍装帧艺术设计》，倪建林，西南师范大学出版社，2007年。
3. 《书籍设计》，胡伟，朱春玲，天津大学出版社，2010年。
4. 《书籍装帧创意设计》，邓中和，中国青年出版社，2004年。
5. 《吴勇平面设计》，吴勇，吉林美术出版社，2002年。
6. 《平面港·书籍设计》，成朝辉，中国青年出版社，2001年。

网络学习链接

网站：http://www.sj33.cn/article/zzzp/
http://www.artist.org.cn/Photo/ShowClass.asp?ClassID=209
搜索关键词：书籍设计　设计流程　书籍设计原则　形式美

第一节　书籍的设计流程

　　呈现在读者面前的每一本优秀的书籍都要经历一个复杂的设计流程,从初始策划到最后印刷出版,要经历诸如采编、调研、设计、制版、印刷和装订等一系列环节,然后才能把经过精心设计的、内容和形式完美结合的书籍呈现在读者面前。这是一个综合性、多视角、立体化的设计过程。书籍设计以准确传达书稿的内容为主要目的,书籍开本的大小、纸张的选择、书籍的形态、设计的风格、印刷的工艺等,既要彰显独特的个性,又要契合书稿的思想内涵,从视觉、味觉、嗅觉、听觉、触觉等各方面使读者在获取知识的同时,拥有舒适、愉快的阅读体验。因此,对于书籍设计工作者来讲,必须了解和熟悉书籍设计的系列化设计流程,树立整体化的设计理念,并将这种理念逐渐培养成一种自觉的意识和行为,指导自己的设计实践活动。

一、设计的前期准备阶段

1. 审读书稿,理解原稿精神

　　设计师通过通读书稿,首先要确定书籍的类别,如科技类、文学类、艺术类、医学类、青少年与儿童读物类、休闲娱乐类等,根据不同类型的书籍特点进行创意设计。然后,详细阅读书稿,领会思想内容、艺术风格、民族特色和时代精神,掌握书稿中的主要事件、人物,从中获取关于书稿的典型特征、针对的读者群、市场定位等有关信息的第一印象,梳理书稿的写作脉络,分析图片资料、文字资料的特色等,并与作者、责任编辑进行全方位的交流、沟通,以便更准确地把握该书稿编写的目的和意图,为初步确定书稿的设计方案掌握第一手资料。

2. 调研市场,分析阅读对象

　　调查市场上同类型书籍的外在形态、设计风格、材质特点、营销方式、宣传途径以及特定读者群的意见反馈等相关信息,通过比较、分析,梳理、归纳调研所得,写出详细的调研报告,以初步确定书籍的风格定位、开本大小、书籍成本、读者群定位、纸张材料的选择、精装或平装等相关设计项目,寻找设计亮点,确保书籍在市场上的同类产品中具有独特性、典型性。通过对调研所得相关数据的分析,预测书籍将来在市场上的卖点。

3. 查阅、整理相关资料和信息,激发创作灵感

　　根据作者的写作意图、书籍的思想内涵以及市场调研所得,对书籍的全部信息资料,如插

图、摄影、文字、图形资料、历史性资料、地域性资料、人物特性资料、场景性资料等数据进行有选择的收集。寻找书籍中各个部分的内在关系,并对已知信息元素进行梳理、归纳、提炼,寻找可用的设计视觉符号,激发创作灵感,以形成独特的设计风格。

4. 做好沟通,完善设计理念

详细地反复研读书稿,通过深入理解原著的核心内容展开联想,尝试寻找更恰当、更独特、更新颖的设计构想的创意源,同时,进一步与作者和责任编辑进行全方位的沟通交流,准确理解书籍的编写目的,确立书籍的主题格调,讨论书籍的市场定位、开本形态、读者群体、材料选择和印刷成本等相关设计事宜,完善设计理念(图 4-1-1)。

图 4-1-1 《家》(吕敬人)

此书的封面设计紧紧围绕小说的时代特色和思想内涵,采用了黑漆的大门、传统典型的灯笼造型、大门上的铺首和穿长衫的人物等元素,营造了故事发生的特定的年代和特定的环境;昏黄的灯光,映射出男女主人公瘦长而孤寂的身影,道出了主人公的悲凉和无奈。

二、创意构思阶段

1.书籍的准确定位

日本著名设计家杉浦康平说过:"书籍设计的本质是要体现两个个性,一是作者的个性,一是读者的个性,设计即是二者之间架起一座可以相互沟通的桥梁。"

完整的书籍设计应该注重整体性、可视性、可读性、归属性、愉悦性和创造性。整体性就是整体风格统一,形式服从内容;可视性就是版式设计合理,视图清晰精美;可读性就是翻阅舒适顺畅,视觉流程有序;归属性就是形态设计准确,书籍语言恰当;愉悦性就是视觉形式有趣,图文配合得当;创造性就是注重个性表达,凸显原创意识。而这些原则必须在对书籍进行准确定位后才能得以实现。在定位准确的情况下,确立该书籍的格调和品位是完成书籍设计的第一步。所以要根据前期准备阶段的分析所得,对书籍进行准确的市场定位和设计定位,以便确定书籍的整体形象,比如开本、封面、封底、勒口、护封、版心、正文字体字号、腰封、纸材以及印刷工艺等相关设计内容,完善设计理念。而选择的依据是该书籍的历史定位、成本、销售对象,还有书的保存价值等。

2.书籍的开本、形态的构想

书籍的设计与书稿的内容是一个完整的统一体,是提升书稿价值的二次创作。设计师依据对书稿的准确理解与感受,以及特定读者群的需求来初步确定书籍的开本,然后寻找恰当的艺术语言和独特的书籍形态来准确地传达书稿的内容,诸如书籍的版心、版面的设计,插图的安排和封面的构思等,并进行设计,而独特新颖的开本设计是给读者的第一印象,必然会给读者带来强烈的视觉冲击力(图4–1–2)。

图 4-1-2　《四面围合》(谢宝华)

这是一本介绍中国传统建筑——四合院的书籍。书籍的函套采用俯视屋顶的效果,中间是采光用的天井设计,借鉴四合院的建筑构造,腰封采用四合院的外墙和门楼的造型,打开后呈现内院的正房结构图,形象地再现了四合院的建筑特色,恰与书稿的内涵相契合。

在阅读过程中书籍会给读者一个感知的整体框架,无论是图像符号、文字构成、色彩象征,还是信息传达结构、阅读方式、材质工艺……均可影响读者对书籍信息的接受度与审美愉悦程度。所以,设计师应根据书稿和相关的资料信息进行创意定位,在既定的开本、材料和印刷工艺条件下,确定书籍的设计风格、材质、版面、开本与字体等元素,使设计上的美学追求与书籍的"文化形态"内蕴相呼应,使读者的理性思维与感性思维完美统一,以满足读者知识的、想象的、审美的多方面的需求。

书籍的开本与形态,必须紧紧围绕书籍的内容和风格进行定位,它对于书籍的整体格调具有决定性的作用。它包括色调、视觉秩序与节奏、图形风格、装饰程度、插图形式、版面设置、材料选用、印刷工艺等众多环节,还包括书籍的形态定位。根据对全书整体信息的准确把握,结合当前的设计时尚和新的材料科学,根据预先规划的设计定位,如书籍的类型、针对的人群、开本的大小、精装或平装等,塑造适应特定人群阅读习惯和审美需求的书籍形态。读者通过视觉、触觉、听觉、嗅觉、味觉来全方位地体验阅读所带来的愉悦。

3.确定书籍设计风格以及主题的表达形式和表现手法

书籍装帧设计要注重书的整体性。设计者根据设计构思,对前期准备的文稿与图片等元素进行编辑、处理并确定其在版面中的位置,要考虑字体的设计和版式的编排,还要从书函、腰封、封面、环衬、扉页等的整体创意来考虑书籍的整体色彩设计,通过色彩体现书籍的主题等相关设计内容,形成独特的风格与形式,并使得风格和形式与主题统一,与作品的时代特征相吻合。

在之前所做的宏观的、整体的设计构思的指导下,进入具体的、分门别类的设计环节。这个阶段包括书籍从内到外所有细节的设计经营,如书函、护封、封面、环衬、扉页、版权页、目录页、章回页、正文版式、插图等的设计。

书籍装帧既是平面的,也是立体的。它从外表上能看到封面、封底和书脊三个面,还通过环衬、扉页、序、目录页,步步接近正文。这一连续的欣赏过程,犹如置身于中国的古典园林建筑中,步步深入、别有洞天、曲径通幽,最后进入正殿。而书籍中的插画犹如园林建筑中的花窗,让读者形象地看到书中主人公的形象、表情、动态和环境等。这种由外而内、层层进深的过程,使整个阅读形成一种韵律,从而给读者带来阅读的美感与享受(图4-1-3)。

图4-1-3 《紫禁城》(曹雪)

象征帝王的、庄严的朱漆大门,透空的、层层叠叠的设计手法,使读者在翻阅的过程中如同徜徉在庄严、神圣的紫禁城中,真实地感受到时空的变化。

4.书籍的材料与工艺

书籍设计离不开材料。材料的运用也是构成书籍装帧设计的一个重要的组成要素,在对书籍的初步设计进行构想之前,就应该了解和熟悉各种材料的物理特性和视觉特性。各具特色的装帧材料给人的感受是完全不同的,坚硬的木质材料、富有弹性的皮革材质、透明的有机玻璃、柔软的宣纸以及表面粗糙的或细腻的肌理质感的各类装饰纸,使人的视觉和触觉产生丰富的体验。通过掌握它们的特点、性能以及加工工艺等,进一步激发创意,寻找设计亮点,以保证自己的设计实践能够顺利实现,这是一名书籍设计者的专业素质和技能要求。

对书籍装帧材料的选择要考虑书籍本身的内涵、开本的大小、成本的核算和市场的定位等因素。

三、书籍的设计方案阶段

1. 封面设计

封面是书籍的"脸面",是最先展示给读者的页面。封面设计中的色彩、文字、图像、材质等视觉要素要体现整体设计的格调和内涵,使读者透过封面设计所蕴含的有效信息,感受书籍内在的品格和思想。这就要求设计师通过前期的准备工作,深入体会书籍内容的风格、气质与情感,准确地把握书籍的格调,提取书籍内容的关键元素作为创意源,结合书籍的主题精神和相应的材质和印刷工艺进行恰当的设计,使设计不但体现书籍本身的气质与精神,更体现设计师的文化内涵和艺术修养(图 4-1-4)。

图 4-1-4 《黑与白》(吕敬人)
这是一本反映澳洲人寻根的小说,黑、白两色的选用,尖锐的三角形,体现了白种人与土著人之间的种族冲突与矛盾。

2. 扉页的设计

扉页位于封面或者环衬之后，一般以文字为主，主要印有书名、作者、编译者以及出版社等信息。原本扉页的作用有两个：一是再次重申该书的基本信息，加深读者的印象；二是一旦封面破损或脱落，读者通过扉页也可以了解到书籍的必要信息。

现在，随着西方书籍装帧形式的传入、现代特种纸张的研发和现代印刷工艺的提高，传统的扉页设计有了全新的理念，在满足原有功能的基础上有了更多有意味的形式，承担了更多的形式和形态上的美学功能，使得扉页成为封面和正文之间的一个缓冲地带，给读者一个欣赏和遐想的空间（图4-1-5）。

3. 正文的设计

正文是书籍的核心部分，是决定书籍设计整体格调的根本依据。正文的版式设计要根据书籍的开本、整体格调与书籍本身的内容和风格来决定，而不是过去人们所理解的，把正文设计交由技术设计人员来完成，从而脱离了整体书籍的设计风格，破坏了书籍阅读过程中的整体美感享受。

正文的设计主要是编排设计和插图设计，包括版心、字体、字号、行距、行宽、分栏、页眉、页码、注脚、注释、插图与文饰设计等。正文的编排应以使读者有轻松、愉悦的阅读感受为目的，根据书籍的内容和格调，通过对正文版式编排的精心设计，使每个页面都更加符合读者的阅读习惯，从而在视觉上给读者营造舒适、轻松的阅读感受（图4-1-6）。

图 4-1-5　《黑与白》(吕敬人)

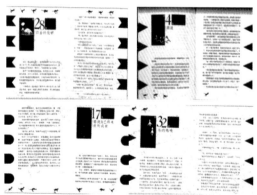

图 4-1-6　《黑与白》(吕敬人)

四、印制成品阶段

1. 材料的选定

书籍装帧的常用材料种类繁多,有各种纸张、纤维材料、皮革、人造革、漆布、塑料、板材、金属材料等。随着材料科学的飞速发展,新的材料给书籍装帧设计带来更大的设计空间和更多的形态构成,扩大了读者接受信息模式的范围,为人们接受知识和信息提供了多元化的方法,更好地表现了作者的思想内涵,甚至在某种程度上颠覆了书籍原有的阅读方式和视觉、触觉、味觉、听觉、嗅觉等感受,给读者带来更多的阅读享受(图 4-1-7)。

纸张的分类很多,一般分为涂布纸和非涂布纸。涂布纸一般指铜版纸和哑粉纸,多用于印刷杂志、书籍;非涂布纸一般指胶版纸、新闻纸,多用于信纸、信封和报纸的印刷。印刷常用纸张有新闻纸、书写纸、铜版纸、双胶纸、单面高级涂布白纸、牛皮纸、各色压纹卡纸以及种类繁多的特种纸等。不同的纸材由于质地、肌理和色彩的不同,具有相异的个性色彩和视觉张力,可以产生诸如朴素与华丽、高雅与庸俗、平和与冷漠等感觉,设计师如果能挖掘其潜在的功能,通过特殊的材料个性深化书籍的内涵,诱导读者多层次、全方位地体验书籍所带来的美感享受,就能使书籍设计产生事半功倍的效果(图 4-1-8)。

新材料的出现又催生了新的书籍形态。比如现代概念书的设计,很多都与使用了新型的印刷材料有关,可以设想,随着新材料、新工艺的不断开发和完善,我们应该在书籍的审美、读者的阅读习惯和接受程度上寻求未来的书籍设计方向,积极探索书籍设计的全新形态,探索阅读行为与设计技巧之间的更多的互动关系以及书籍设计、艺术观念表达与书籍的思想内容

图 4-1-7 《中国锣鼓》(吕敬人)
书籍的函套为木质材料所制,保留了原木的质地和纹理,文雅而质朴。

图 4-1-8 《马克思手稿影真》(吕敬人)
封面采用天然的木质材料与磨砂牛皮,朴实而和谐;函套采用深咖啡色亮皮,既与封面设计所用材质形成呼应,又在色调上形成对比。

之间的关系,为发掘书籍更恰当的传达形式和审美形态探索出更多的设计空间。

2. 印刷工艺

书籍的印刷工艺是书籍美感体现的基本手段,无论书籍设计的独特形态、编排的形式美感,还是材质美感的体现都要依赖特定的印刷工艺来实现,也可以说印刷工艺是书籍装帧设计师的设计构想能否实现的决定因素。这就要求设计师在进行书籍设计的最初阶段就要对印刷工艺的特点和现状了然于胸,利用印刷技术的特点创造出特殊的艺术效果,以保证设计构想能够顺利完成,实现设计师最终的设计理想。

印刷机种类繁多,目前常用的有平压平型印刷机、圆压平型印刷机、圆压圆型印刷机。我国使用的印刷方法主要有凸版、凹版、平版、丝网印刷四大类。比如我们所熟知的木版年画属于凸版印刷,印章属于凹版印刷,版画属于平版印刷,宣传语的印制属于丝网印刷。

我们在做书籍设计构想时还应该了解印刷工作的不同阶段的工作特点和要求,比如印刷前期的工作,一般包括摄影、设计、制作、排版、出片等;印刷中期的工作,就是根据预先的排版等程序,通过印刷机印刷出成品的过程;印刷后期的工作主要指印刷的后期加工,包括裁切、覆膜、模切、装裱、装订等工作程序。

伴随着印刷工艺的不断发展,又出现了更多新的工艺手段,比如纸面上光加工工艺和纸面装饰成型工艺。在审美需求多元化发展的趋势下,图书设计除在二维空间上追求视觉新感觉,如上光(含高光泽型和亚光泽型)、过 UV、过光油、过哑油、印专金、印专银、烫金等工艺外,还从三维空间上带来全新的书籍概念,如凹凸压印、不规则镂空、打孔、开窗、实物装饰,或对常规开本进行大胆突破,以更适合现代人的阅读品位。

第二节 书籍的设计原则

一、实用与艺术结合的原则

任何一种设计,都离不开实用与艺术的结合,它们互为整体,又相对独立。书籍是基于传播文化的需要而产生的,在使用方面体现便于翻阅、阅读流畅、易于携带和收藏等实用价值。

在进行书籍整体设计时要根据不同阅读对象、不同类别的书籍,考虑读者的经济承受能力和审美需求,考虑审美需求对提高读者阅读兴趣的导向作用。

书籍设计通过文字、图形、色彩来体现书籍设计的本体美,它的审美意趣应该体现在准确而艺术地传达和反映书籍的内容,并以易于阅读、赏心悦目的表现方式传达给受众。同时,还应该在继承传统的基础上,与时代的精神和设计者独特的个性相联系,进行创造性的设计。《朱熹榜书千字文》(图4-2-1)是吕敬人的得意之作。在构思这一书籍的形态时,吕敬人认为,朱熹的大字遒丽洒脱,以原作的尺寸复制,既能够保持原汁原味,又能够创造一种令人耳目一新的形态。

在内文设计中,他以文武线为框架将传统格式加以强化,注入大小粗细不同的文字符号以及粗细截然不同的线条,上下的粗线稳定了狂散的墨迹,左右的细线与奔放的书法字体形成对比,在扩张与内敛、动与静中取得平衡和谐。封面的设计则以中国书法的基本笔画点、撇、捺作为上、中、下三册书的基本符号特征,既统一格式又具个性。封函将千字文反雕在桐木板上,仿宋代印刷的木雕版。全函以皮带串连,如意木扣合,构成了造型别致的书籍形态。

图4-2-1 《朱熹榜书千字文》(吕敬人)

二、内容与形式统一的原则

内容与形式是相辅相成的。形式的美感不是单一存在的,而是要注重内容,把握整体,使内容充分决定形式,从而达到内容与形式的统一。

德国著名书籍设计师冯德利希说:"重要的是必须按照不同的书籍内容赋予其合适的外

貌,外观形象本身不是标准,对于内容精神的理解,才是书籍设计者努力的根本标志。"书籍设计离不开内容,内容决定书籍的表现形式。书籍版式和形态构成的各种元素是文字、图形、色彩、材质,亦即书籍中的文字、插图、页码、空白、标题以及装订形式。书籍设计根据书籍的内容把各种元素用形式美的法则统一,使书籍版面产生明快统一、井然有序的对称形式感,生动、活泼的均衡形式感,典雅、庄重的韵律形式感,热情、平静的调和形式感,变化、统一的节奏形式感。这些形式表达不仅是为了方便阅读,也是为了产生视觉美感。

《共产党宣言》(图 4-2-2)采用楠木与羊皮相搭配,表现历史厚重感和时代感。封面的图形与函套外形分别由"Marx"和"Engels"构成(即马克思和恩格斯的英文名称),两者组成箭头,随着书与函套的拉动,箭头产生一种运动的方向感。设计者吴勇先生认为:"做书籍设计的要点是如何很好地把形式与内容结合的问题,优秀的书籍设计往往是把书籍的思想、难以言表的东西深入浅出地视觉化,用唯有图形才可能阐述的图像语言贴切地表达出来,与书籍思想内容相得益彰。贴切书籍思想内涵并激发人更多的想象空间,是一切优秀书籍设计的共同特点。"

图 4-2-2 《共产党宣言》(吴勇)

三、整体与局部统筹的原则

书籍是传播文化的载体,书籍的整体设计应根据正文的内容、性质、特点、读者对象做出正确的判断,区别它们的不同属性,力求对书籍外部和内部版式的文字、图形、色彩、材料进行全面统一设计。书籍的整体设计包括起宣传和保护作用的封面、护封、函套以及书籍核心的环衬、扉页、正文、插图、版权页、装订、材料工艺等。一部书稿放在你面前,首先要领会书籍的精神内涵、艺术风格、时代特征、民族特色和读者趣味,并确定整体的艺术表现形式、表现手法,运用设计的语言展现出它的鲜明个性。因此,要统筹好全书整体与局部的关系,使它既有共性又有个性,成为一个和谐、变化、完整有序的统一体。

吕敬人先生在谈到书籍设计时指出:"书籍设计不只图封面好看,而是整体概念的完整,一本好书不仅在于设计的新颖,更在于与书的内容的整体关系贴切。设计师要通过对文本的分析、对各种相关素材的寻找、图像的配置、字体和文字群在空间内的安排和时间上的游走、文本传达结构的处理等来诠释作品。设计师把书籍当做舞台,在尊重文本准确传达的基础上,去精心演绎主题,以达到文本内涵的最佳传达,这就是设计师的职责。"《梅兰芳全传》(图4-2-3)曾获"中国最美的书"奖项,是吕敬人引以为傲的一款设计。书的精妙之处是断面的两张梅先生的照片,能看见哪张,取决于读者是向左还是向右翻阅。书籍的设计蕴涵深厚的人文精神,作品古雅大方、别出心裁、趣味盎然。

图4-2-3 《梅兰芳全传》(吕敬人)

四、艺术与技术结合的原则

书籍设计的艺术表现手法十分多样,可以说是一种综合艺术,它融入了绘画(抽象、具象)、摄影、书法、篆刻等艺术门类,结合文字、图形、色彩等因素,通过点、线、面的组合与排列,并采用夸张、比喻、象征的手法来体现书籍的内在美,强化书籍的易读性和趣味性。

技术是书籍设计表现的一种技法,书籍可以依靠技术实现设计的形式美。科学技术的迅猛发展使书籍设计结合印刷技术和数字化技术手段,把书籍的形态、结构、色彩和各种材料的视觉表现形式不断地丰富起来,使得书籍的样式更生动、更有趣味性(图4-2-4)。

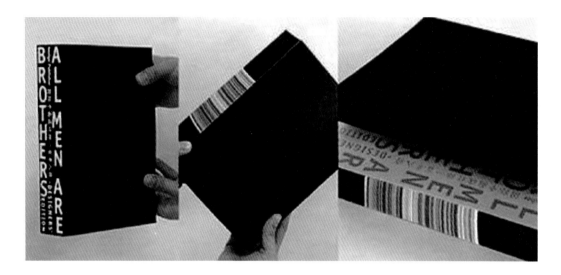

图4-2-4　《国际平面设计师一百单八将》(何见平)

课题思考

1.分析理解市场调研对书籍设计的重要作用。

2.怎样理解印刷工艺与书籍设计的关系?

3.书籍整体设计的原则有哪些?对书籍设计有什么作用?

4.为什么说书籍的整体设计是实用与艺术的结合?

5.如何理解书籍设计中整体与局部的关系?

6.优秀的书籍设计具有什么特点?

建议活动

1. 到书店、图书馆考察调研儿童图书的设计特点。

2. 到纸业材料店、印刷厂参观,了解书籍印制材料与工艺。

3. 到图书馆了解书籍设计的实用性与艺术性。

4. 收集各种不同类别的书籍设计,并对这些设计进行分析。

5. 收集一些自己认为好的和不好的书籍设计作品,并谈谈好与不好的原因。

第五章
书籍的开本与形态

课程概述

本章重点介绍了书籍开本的概念、开本的设计原则、常用的书籍开本及尺寸、开本的大小与书籍形态的关系，以及现代书籍设计中对书籍形态的探索和创新，概念书的设计现状。

教学目的

通过本章节的学习，让学生了解书籍的开本与形态的关系，以及如何根据文稿的内容和特定读者群选择合适的书籍开本，掌握如何利用所学知识创造书籍的形态美感，让读者在阅读过程中，不仅能获得知识，还能体验更多的阅读愉悦。

章节重点

如何根据书稿的内容和特定读者群选择合适的书籍开本，以及如何运用恰当的材料和现代印刷工艺，将书稿创造成富有美感特征和舒适愉悦的阅读体验的图书形态，并在实际装帧设计活动中不断研究、探索未来书籍的设计趋势。

参考课时

6 学时

阅读书籍链接

1. 《书艺问道》，吕敬人，中国青年出版社，2006年。

2. 《书装设计》，孙彤辉，上海人民美术出版社，2004年。

3. 《书籍设计》，于秉楠，湖北美术出版社，2001年。

4. 《书籍装帧教程》，成朝晖，中国美术学院出版社，2006年。

网络学习链接

网站：http://show.jianjie8.com/200612/60326_9.html（简洁设计网）

http://www.web07.cn/Design/hc/2010/0719/62958.html（E网素材库）

http://www.ad78.cn/foreign/vp92.html（尚品设计网站）

http://www.333cn.com/（中国设计之窗）

http://image.baidu.com/

搜索关键词：书籍　书籍的形态　书籍设计欣赏

第一节 书籍的开本

一、书籍开本的概念

书籍设计首要的问题就是确定书籍的开本。书籍的开本是书籍最外在的形态，也是书籍内容的最根本的载体，是传达给读者的第一视觉印像。所以，为一本书选择合适的开本就成为设计师的首要任务。适应不同读者的阅读习惯和市场需求，是确定书籍开本设计最重要的原则。

书籍是一种特殊的商品，所以书籍开本的设计不仅要符合书籍的内容，还要考虑成本、读者、市场等多方面的因素。书籍开本的设计要根据书籍的不同类型、内容、性质来决定。不同的开本会产生不同的审美情趣，适当的开本使得书籍形态上的创新与文字的内容相得益彰，提升其在同类图书中的艺术品位，引起部分特定人群的购买兴趣和欲望，从而产生良好的经济、社会效益，这样才称得上是优秀的书籍设计（如图 5-1-1）。

书籍开本有四个决定因素——纸张的大小、书籍的不同性质与内容、原稿的篇幅以及针对的读者群。

目前，每本书籍的版权页都会明确标注开本的相关数据。如书籍版权页上标注的"787mm×1092mm 1/16"是指该书籍是用 787mm×1092mm 规格尺寸的全开纸张切成的 16 开本书籍。

图 5-1-1　书籍的不同开本设计

二、开本的类型和规格

开本是表示图书幅面大小（规格尺寸）的行业用语。开本以全张纸开切的数量（开数）来表示,我们把一张按国家标准分切好的原纸称为全开纸。开本设计是指书籍开数幅面形态的设计。一张全张的印刷用纸开切成幅面相等的若干张,这个张数为开本数。开本的绝对值越大,开本实际尺寸愈小(如图5-1-2)。

开本大小的确定直接影响到书籍设计意图的贯彻。版心、版面的设计,插图的安排和封面的构思都必须依据开本的大小而定。

纸张的开切方法大致可分为几何级数开切法、非几何级数开切法和特殊开切法三种:

A.几何级数开切法:最常用的纸张开切法。它的每种开切法都以2为几何级数,开切法合理、规范,适用于各种类型印刷机、装订机、折页机,工艺上有很强的适应性。

B.非几何级数开切法:每次开切法不是上一次开切法的几何级数,工艺上只能用全张纸。

C.特殊开切法:又称畸形开本。凡是不能被全开纸张或对开纸张开尽(留下剩余纸边)的开本都被称为畸形开本。例如,787mm×1092mm的全开纸张开出的10开本、12开本、18开本、20开本、24开本、25开本、28开本、40开本、42开本、48开本、50开本、56开本等开本都不能将全开纸张开尽,这类开本的书籍都被称为畸形开本书籍。

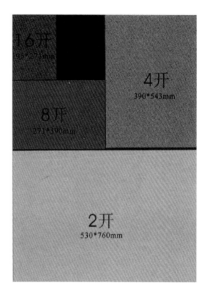

图5-1-2 常见的纸张开切

以标准全张787mm×1092mm规格的纸开切,书籍成品净尺寸为:6开本360mm×390mm;12开本260mm×270mm;16开本196mm×270mm;18开本180mm×260mm;20开本195mm×216mm;24开本180mm×195mm;32开本135mm×195mm。

以大度全张889mm×1194mm规格的纸开切,书籍成品净尺寸为:大6开本394mm×440mm;大12开本294mm×295mm;大16开本220mm×295mm;大18开本197mm×294mm;大20开本220mm×236mm;大24开本197mm×220mm;大32开本147mm×220mm。

目前最常用的印刷正文纸有787mm×1092mm和850mm×1168mm两种,此外,全张纸的幅面规格还有:880mm×1230mm,690mm×960mm,787mm×960mm等。

全张纸规格变动,开本的尺寸也会随之变动,不同规格的纸丰富了书籍的开本形式,也更加适应各种类型的书籍的不同设计需求。

书籍开本的设计要根据书籍的不同类型、内容、性质来决定。不同的开本便会产生不同的审美情趣,不少书籍因为开本选择得当,使形态上的创新与该书的内容相得益彰,受到读者的欢迎。

以下是不同类型的书籍常用的开本设计:

A.经典著作、理论类书籍、学术类书籍:一般多选用 32 开或大 32 开,此开本庄重、大方,适于案头翻阅。

B.科技类图书及高等学校的教材:因容量较大,文字、图表多,适合选用 16 开。

图 5-1-3　儿童图书
这些儿童图书既具有玩具的性质,又具有书籍的功能。

C.中小学生教材及通俗读物:以 32 开为宜,便于携带、存放。

D.儿童读物:多采用小开本,如 24 开、64 开,小巧玲珑,但目前也有不少儿童读物,特别是绘画本读物,选用 16 开甚至是大 16 开,图文并茂,倒也不失为一种适用的开本(如图5-1-3)。

E.大型图集、摄影画册:有 6 开、8 开、12 开、大 16 开等,小型画册宜用 24 开、40 开等。

F.期刊:一般采用 16 开或大 16 开。大 16 开是国际上通用的开本。

随着书籍设计观念的更新,形态的多样性,对书籍开本的设计也趋向多样化。

三、开本的设计原则

1. 根据书籍的性质和内容决定开本的大小

书籍开本的大小可以传达不同的情绪——狭长的开本给人以紧凑、俏丽之感;横长的开本带给人开阔、豁达之感;标准化的开本给人庄重、稳定之感……

诗集一般采用狭长的小开本。因为诗的形式是行短而转行多,所以采用窄开本比较适合。

经典著作、理论书籍和高等学校的教材篇幅较多,一般选择大 32 开或近似的开本。此开本庄重、大方,适于案头翻阅。

小说、传记、剧本等文艺读物和一般参考书,一般选用小 32 开,这种开本大小适宜,方便携带和阅读。

期刊类书籍一般采用 16 开或大 16 开。

青少年读物一般是有插图的,可以选择偏大一点的开本。

儿童读物图多文少,因此可选用大一些的开本,比如,选择 16 开甚至是大 16 开,图文并茂、生动活泼,可以增加阅读情趣。有的根据图文率也采用小开本设计,如 24 开、64 开,小巧玲珑,方便儿童抓握(如图 5-1-4)。

字典、词典、词海、百科全书等有大量文字,往往分成 2 栏或 3 栏,需要较大的开本。小字典、手册之类的工具书一般选择 42 开以下的开本。

图 5-1-4　儿童图书的小开本设计

画册以图版为主,先看画,后看字。由于画册中的图版有横有竖,常常互相交替,采用近似正方形的开本比较合适,经济实用。

2. 根据目标读者群确定开本的大小

读者由于年龄、职业等差异对书籍开本的要求也不一样,如老人、儿童的视力相对较弱,要求书中的字号大些,同时开本也相应放大些;青少年读物一般有大量插图,所以开本也要大一些;普通书籍和作为礼品、纪念品的书籍的开本也应有所区别。

3. 根据书籍的容量决定开本的大小

中等字数的书稿,用小开本,可取得浑厚、庄重的效果,反之用大开本就会显得单薄、缺乏分量;而字数多的书稿,用小开本会有笨重之感,以大开本为宜。

总之书籍开本的大小不仅要根据内容本身来定位,还要考虑成本、读者、市场等诸多因素。作为商品的书籍设计必须符合市场的需要。

▦▐ 第二节　书籍的形态

一、书籍形态的构成

书籍设计是一门特殊的艺术，它是以书籍内容和思想为前提进行创作的一种艺术形态，并与书籍这一外在载体成为一个整体，既承载了信息的传递功能，又负载了人们的审美意趣。

在书籍的形式语言中，书籍的形态设计是设计师要面对的首要任务。《现代汉语词典》对形态的解释为："形为形状、形体，态为形状、状态，形态为实物的形状或表现。"书籍的形态是指书籍的样貌和风格，是承载文字信息的固态物，包括书籍的开本、大小、文字形态、图例、内文的版面构成、印刷材质、印刷工艺、装订方式等，是书籍的外在形式和特定内容的综合构成形态。

书籍是信息传达的载体，而书籍所传达的不同的思想内涵又会产生不同形态的书籍。书籍是随着时代的发展而发展的，在不同的历史时期，书籍具有反映特定时代特征的形态。所以，书籍形态本身也反映了不同的地域文化、不同的社会意识形态、不同的历史时期和当时的科技发展水平。

国际著名书籍设计大师杉浦康平在《造型的诞生》中曾指出："……不应该把书看成是在掌中静止不动的物体，而应看成是在运动、排斥、流动、膨胀、充满活力的容器，看成充满丰饶力的母胎，看成吞噬、吐出各种力量的大器、大瓶。"

阅读的过程不仅仅是一个单纯的观看过程，而且是读者必须调动个人的各种感官来获取综合感受的过程，所以书籍的形态特征、印刷材质的物理属性、内文编排的合理设计以及书籍所传达的特定内容等要素要有机结合，共同传达某种理念或思想。

书籍的内涵与神韵要靠外部的形态来表现，读者首先会关注具有个性特征的书籍造型，并在瞬间对书籍产生翻阅的冲动，进而促使阅读和购买行为的发生。而书籍形态的塑造首先就要从更新观念开始，对传统、现代以及未来的书籍构成进行由内至外、宏观到微观、文字表现与图像传播、立体空间塑造与书籍语意传达的不断探索，从而创造出充满传统意蕴和现代美感的新的书籍形态，而书籍的形态设计不仅仅是由设计师独立完成的，它最终是由书籍设计师、作者、出版者以及编辑和印刷装订者共同完成的系统工程。

图 5-2-1 《余荫山房》(陈燕波)

书籍设计吸取岭南园林建筑的典型元素，采用折叠、透切等手法，使读者如同行走在真实的建筑空间中，创造了充满趣味的、崭新的书籍形态。

二、书籍形态的特征

书籍不是静止不动的实物形态，而是在人们翻阅的过程中体现时间与空间、动与静相结合的综合构成艺术。人们所熟知的书籍的形态是承载文字和图形信息的六面体，是一个具有三维形态的固态物。当我们阅读书籍时，从封面到书脊再到封底，从环衬到扉页再到内文，不断变换，随着书页的翻动产生时间的流动。

纵观中国书籍发展史，书籍的形态复杂而多变，并且大多是随着材料和工艺的发展变化而变化的。从先秦的"简策装"到唐宋以后的"卷轴装"、"经折装"、"旋风装"、"蝴蝶装"、"包背装"、"线装"等，一直到近世机械印刷术传入后的种种复杂丰富的现代装帧形态，都与印刷材料和制作工艺有关。

我国最早的刻画形态有甲骨文、钟鼎文、"石鼓文"、竹木的简牍以及缣帛书、卷轴书。在竹片或木片上书写文字，用线绳连缀成的是"简牍"（图 5–2–2），这种形态的书籍笨重而不便携带和收藏。而写在丝织品上的有卷轴装、经折装两种形态。卷轴装这种形态的书籍如同字画的装裱，使读者在漫舒漫卷间体味书籍的美感（图 5–2–3）。经折装形态的书籍从前至后形成一个连续不断的整体,使得阅读通畅(图 5-2-4)。以纸张为载体的书籍形态有"折叠本"、"线装书"、"盒装书"等,一直发展到如今书籍以六面体的册页形态为主。

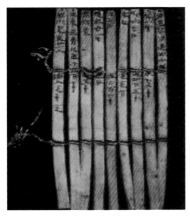

图 5-2-2 简牍
在竹片和木片上刻画文字,然后用线绳连缀成册。这种形态的书籍笨重而不便携带和收藏。

图 5-2-3 卷轴装书籍
这种形态的书籍如同字画的装裱,使读者在漫舒漫卷间体味书籍的美感。

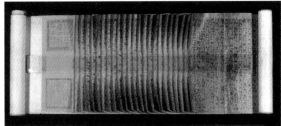

图 5-2-4 经折装
这种形态的书籍从前至后形成一个连续不断的整体,使得阅读通畅。现代书籍设计很多还沿用这种形态。

图 5-2-5 旋风装《刊谬补缺切韵》(故宫博物院收藏)
这种形态的书籍在卷起时与卷轴装相似。

图 5-2-6 线装书
将纸对折,一半粘在第一页,另一半从书的右侧包到背面,线装书是将若干折页的前后加放两张与最后一页相接连,书页随风飞翻犹如旋风,因此被称为书皮,最后用线装订而成。这种形态的书籍不易散落、形式美观,沿用至今。

现代书籍的常见形态有平装、精装两种。随着多媒体技术的发展,还存在电子书这种特殊的形态,给未来的书籍设计提供了更多的发展空间。

平装,也称"简装",是铅字印刷技术发明以来常用的一种装帧形式。平装书内页纸张双面印,然后装订成册。有锁线订、无线胶订、骑马订等不同的装订方法。

受西方书籍装帧设计的影响,清代出现了精装书籍,其最大的优点是保护内页的护封坚固,使书经久耐用。

精装书印制精美,不易折损,便于长久使用和保存,设计独特,选用的印刷材料和印刷工艺较复杂,所以适合长久保存。一些比较重要、流传较广、使用价值较大的经典学术专著、工具书和画册等,往往用精装的形式(图5-2-7)。

当代书籍特征是单向性知识传递的平面结构式趋向胰岛素化学结构式的多向形传递的发展过程,这是新型书籍内在形态的变化趋势。

一本理想的书籍,应以其信息量大、趣味性强、宜于读者接受以及新鲜感来吸引读者:无论是哪类学科门类的读物,都可使读者得到超越书本的知识容量值,从阅读到品味,从感受到联想,书中的点、线、面,构成知性的智慧网,比如日本著名的设计师杉浦康平设计的《立体看星星》(图5-2-8)。

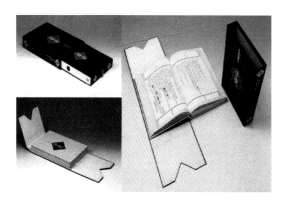

图 5-2-7 《子夜·手迹本》(吕敬人)
这是一部精装书的设计,书盒采用传统书匣的形态,函套采用竖向设计,形式新颖,在材质与设计语言上与书匣相呼应并成为完整的统一体。

图 5-2-8 《立体看星星》(杉浦康平)
杉浦康平耗费了6年之久,与天文学家共同创造了这本独特的书籍。用书中所配的红黑两色眼镜,可以看到真实而奇妙的星空。

随着材料科学和印刷工艺的飞速发展,现代书籍又出现了很多新的形态,电子书籍应运而生。电子书籍利用现代电子数码技术,集文字、图像、音乐、动画、影视等多种媒体信息于一体,以满足人们多信息、快节奏、共参与的需求。但是目前,电子书籍仍不具备传统纸质书籍的某些优势。许多书籍设计师也正在探索和尝试更多的书籍形态和新型材料的可塑性,以应对电子书籍的挑战。这些新的书籍形态的塑造,充分考虑到读者在翻阅书籍时的视觉、触觉、味觉、嗅觉、听觉等的影响。

概念书是现代书籍设计中全新的书籍形态,是一种打破传统书籍模式,寻求整体表现书籍内容的感官体验的另一种新形态的书籍形式。它包含了书的理性编辑构架和物性造型构架,是书的传达形态概念上的创新,是为了寻求新的书籍设计语言而产生的一种形式。根植于内容却又在表现上另辟蹊径,尚未在市场上流通的书籍设计均可称为概念书。因为受到技术和实用成本等条件的制约,概念书不能大批量生产,由于读者群范围仅限于艺术家和嗜好书籍设计的少数人群而不能普及。

在我国目前的书籍流通中,概念书尚未登堂入室,现在国外的概念书,很多在形态上已经摆脱了书籍的传统模式。设计者以独特的视觉信息编辑思路和创造性的书籍表达语言来传达文字作者的思想内涵,并体现着非常强烈的个性。它们既是传递信息的书,也可称为艺术品。从这个概念上讲,其尚有无穷无尽的表现形式,设计师们从传统的书籍形态概念出发,可以延展出许多具有新概念的书籍形态来。

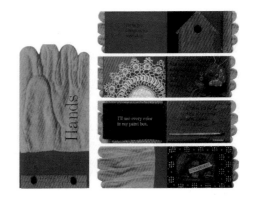

图 5-2-9　Hands
这是一本儿童书籍,书籍封面的材质选用手套这种实物载体,带给儿童一种直观、亲切的视觉感受。

图 5-2-10　板鞋设计(冯鸽,指导老师:章慧珍)
书籍的内容是有关板鞋的历史发展,书籍的外形设计成板鞋的造型,打开书籍要先解开鞋带,让读者阅读前进行体验。

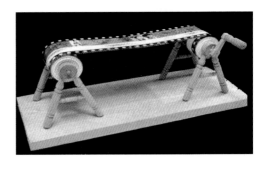

图 5-2-11　概念书(孙茂华)
书籍设计借鉴了卷轴装和手摇车的造型特点,只需轻轻摇动手柄,便能方便地浏览书籍,形式新颖、独具创意。

概念书设计是书籍设计中的一种探索性行为。它从表现形式、材料工艺上进行前所未有的尝试，并且在人们对书籍艺术的审美和对书籍的阅读习惯以及接受程度上寻求未来书籍的设计方向。它的意义就在于扩大大众接受信息模式的范围，提供人们接受知识、信息的多元化方法，更好地表现作者的思想内涵，它是设计师传达信息的最新载体（如图 5-2-9、图 5-2-10、图 5-2-11）。

三、形态的创意

形态的创意源于书籍本身的内涵，而体现书籍的主题精神是书籍装帧设计的一个重点。书籍装帧设计需要经过从调查研究到检查校对的完整的设计程序。首先要向作者或文字编辑了解原著的内容实质，并且通过自己的阅读、理解，对装帧对象的内容、性质、特点和读者对象等做出正确的判断，以便对书籍的形态拟出方案，诸如开本的大小、精装还是平装、材质的选用和印刷工艺的选择等问题。对于一个设计师而言，应围绕如何在既定的开本、材料和印刷工艺条件下，通过想象和联想，综合运用设计的知识和技能，使其艺术上的美学追求与书籍"文化形态"的内蕴相呼应，而不只停留在强调形式多样上，儿童概念书的设计要求进一步深入，达到对书稿理解尺度与艺术表现尺度在创作中的充分的和谐的表现；要以丰富的表现手法和表现内容，使视觉思维的直观认识与视觉思维的推理认识获得高度统一，以满足人们知识的、想象的、审美的等多方面的要求（图 5-2-12、图 5-2-13）。

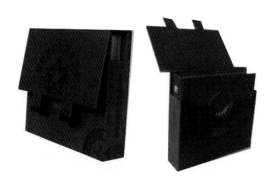

图 5-2-12 《红色经典民族音乐会》（曹雪）
这是关于中国 20 世纪 50 年代的经典音乐合集，书籍的封面采用鲜艳的、象征激情的红色，函套采用当时代表时尚的军用挎包的样式，非常贴合当时的时代特色。

图 5-2-13 韩国儿童概念书设计
根据儿童的认知特点所设计的立体形态的书籍，改变了传统的阅读方式，让儿童在新奇的游戏中愉快地获取知识。

▓▓|▍ 第三节　案例赏析

图 5-3-1　《朱熹千字文》(吕敬人)

书籍的函套采用桐木板，上面仿宋代雕版印刷反向雕刻千字文，封面以书法的基本笔画点、撇、捺作为上、中、下三册书的设计元素，恰当地诠释了书籍的内涵。

图 5-3-2　《赵氏孤儿》(吕敬人)

作为赠送给法国总统的国礼书，函套采用色调淡雅的布面贴签的形式，如意纹体现了中国传统的文化，几何纹体现了西方的文化特色。书籍采用双封面设计，一面是中式风格，上面篆刻明版本的文字，另一面是西式风格，雕刻着法文译文，充分表达了中法文化交流的美好愿望。

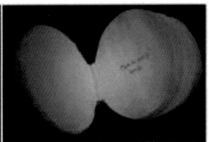

图 5-3-3　概念书设计

将书籍的形态设计成人们熟知的网球状，使网球不再具有原有的功能，而成为传达文字信息的载体，在开合间给人带来阅读的乐趣。

图 5-3-4　NYC Friends

书籍的封面设计、书盒、小巧的开本、淡雅的绿色调和材质的对比运用，带给人青草般的清新气息。

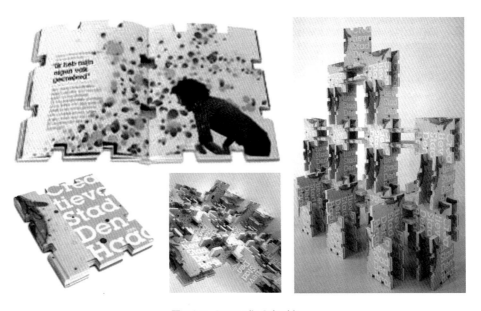

图 5-3-5　Trappedin Suburbia

单本形态的缺口设计，给多本的自由组合提供了无限的可能性。多本构成的建筑形态带给读者强烈的视觉冲击力。

图 5-3-6　异态形的特殊开本设计
纸张的开切形式多变，与极具创意的时尚家居的设计遥相呼应，相得益彰。

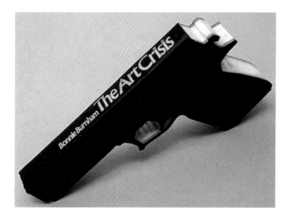

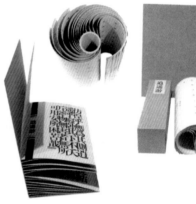

图 5-3-7　The Art Crisis (Bonnie Bumham)
特殊的具象形态的概念书籍设计，以引起人们的重视和思考。

图 5-3-8　《逍遥游》
打破书籍原有的形态，呈现立体形态。

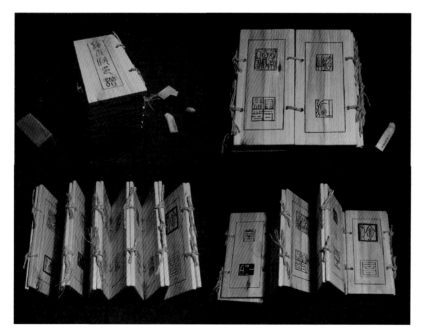

图 5-3-9　《施元欣印谱》
（施元欣　指导老师：章慧珍）

该作品入选《中国大学生美术设计年鉴Ⅱ》并获铜奖。学习借鉴"简策装"、"经折装"的形态，为书籍的内容选择了恰当的材料载体和表现形式。

图 5-3-10　概念书籍设计

书籍应用人们喜闻乐见的扑克牌的造型为设计元素，又融入具有女性特质的蕾丝材料，打破了书籍原本硬朗的视觉感受，使人耳目一新。

图 5-3-11　概念书籍设计

充满情趣的水果形态设计，仿佛散发着清香，让人感受到获取知识的快乐。

课题思考

1. 怎样选择恰当的开本？

2. 怎样围绕书稿的内容进行合理的形态设计？

建议活动

1. 利用多种渠道，收集优秀的书籍形态设计实例。

2. 根据典型实例分组讨论书籍的形态设计与书稿主题的关系，并撰写书面报告。

第六章
书籍的封面设计

课程概述

书籍封面是整本书的序曲，读者通过封面了解书的风格和气质，从而进入书的内容中，它是书籍设计里非常重要的一环。通过对书籍封面设计的学习，我们能深入了解封面的组成以及各部分的设计原则和方法，学会欣赏优秀书籍封面设计，并将其中的精华延续到我们的设计学习中。

教学目的

理解书籍封面设计的重要性，了解书籍封面设计的原则和方法，能系统熟练地进行书籍封面的设计。

章节重点

了解封面设计的原则；掌握封面的版式设计；能独立进行封面、封底设计。

参考课时

12 学时

阅读书籍链接

1. 《书籍形态设计与印刷应用》，郑军，上海书店出版社，2008 年。
2. 《书籍设计》，[英] Andrew Haslam，中国青年出版社，2009 年。

网络学习链接

网站：http://opus.arting365.com/BookBinding
http://bookcoverarchive.com/

搜索关键词：书籍装帧设计　封面设计

▨▥ 第一节　封面的组成

　　书籍的封面是书的窗口,人们对书的第一印象来自书的封面设计,要让一本书能从琳琅满目的书架上被读者挑选出来,不仅书本身的内容要吸引人,封面的设计也要能通过文字、图形和色彩的组合精炼地表达书的内容,达到耳目一新的效果,从而唤起读者的阅读欲望。

　　封面设计虽然是平面设计的范畴,但是当人们手捧一本书时,拿到的是一个立体的三维的物品,所以感受也应该是丰富的,用日本书籍设计大师杉浦康平的话说,"书籍五感是设计思考的启始",读者看书时第一眼是视觉的感受,看书时手接触到封面和内页所选纸张的时候,不同材质带来不同的触觉感受。在前四种感受的基础之上,最高层次的应该是味觉,它不是具体的一种味道,而是品完书后带给读者的思考、启发和韵味。从这个意义上来说,封面设计包含的内容是非常多样的。

　　封面设计包括封面、封底、书脊、切口设计,精装书的封面设计还要考虑护封、勒口、腰封等的设计(图 6-1-1、图 6-1-2)。

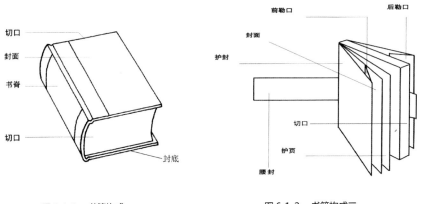

图 6-1-1　书籍构成一　　　　　　　　图 6-1-2　书籍构成二

一、封面

　　封面是书籍设计的主体,当书放在货架上时,我们第一眼看到的是书的封面。它就是书的门面,是读者的向导。封面最原始的功能是保护书的内部不受到损坏,随着生活水平和人们对美的认知程度的提高,对封面设计的要求也越来越高,封面不仅要准确传递书稿内容、作者思想和风格,还要从形式上打动读者。

　　封面设计作为实用美术,有一定的从属性,一方面它要以书籍的内容为依据,要与书的整体形态、内容、风格相吻合;另一方面它也有独立的功能和艺术价值,封面上的书名、作者名字和出版社名称,是传达给读者的第一重要信息,同时恰当的设计形式传出的美感,是引领读者深入阅读和购买的关键。

二、封底

　　封底设计是封面设计的延伸,虽然读者很难一眼看到,但它传递的信息量较大,是封面内容的有力补充,包括责任编辑、书籍设计者、条形码、书号、定价,有时还会有内容提要,作者简介,出版社介绍,同属于某一系列里的其他书籍介绍,有一定社会影响力的人对书的评价等。虽然在内容上封底比封面自由,但在设计形式上,封底和封面是相辅相成、相互呼应的,应统一为一种设计风格。不管形式如何变化,封底仍旧是封面的补充,不能喧宾夺主,也不能虎头蛇尾,要将它们作为一个整体来考虑。同时文字内容一定要简洁清晰,主次分明,通过合适的字体形式、大小、排列的设计,使读者能一眼看到作者要重点表达的内容。

三、书脊

　　书脊是封面里面积最小的一个部分,太薄的书籍甚至没有书脊。它处于封面和封底之间,遮挡着订口,即能体现出书厚度的地方。甚至在很多场合书在书架上以直立排列的方式陈列,只有书脊朝外,此时书脊成为了读者选择书籍时最先接触到的部分,所以不能因为书脊面积小而忽视它的设计,它是封面设计里一个重要的组成部分。

　　在宽度足够的情况下,通常书脊上要标明书名、作者姓名、出版社名称。由于书脊本身是狭长型的,文字的排版通常使用竖版,书名的设计是重点。通常书脊的设计也应该和封面、封底结合作为一个整体来设计,从而保证整个装帧设计的统一性。如果是精装的书籍,在装订方式上则有方脊和圆脊之分。

四、切口

　　书籍是一个六面体,除了封面、封底、书脊三个面外,剩下的三个面就是切口,即由书本里每一张纸的厚度组成的面，这三个边，相对于毛边来说，是要加工切齐的，所以由此得名。切口分为上切口、下切口和前切口。西方人对切口的设计非常讲究，多用着色或镀金的方式，这样一方面起到装饰的作用，另一方面切口如果镀金，清洁起来也非常方便。切口除了着色和镀金外，也有使用图案来进行装饰的，比如吕敬人设计的《梅兰芳全传》切口的设计颇费心思，前切口向左翻和向右翻分别展示了梅兰芳的舞台形象和生活形象。在切口上进行纹样或图像的设计，不管是静止地呈现，还是通过左翻、右翻的动态翻阅，均可让读者产生联想，升华主题。

五、勒口

勒口又叫折口，是书的封面和封底的外切口处向内折叠的部分，通常宽度为5~10厘米。勒口可以增加封面封底外切口边缘的厚度，从而保护书的内页和书角。勒口有前勒口和后勒口之分，和封面连在一起的是前勒口，和封底连在一起的是后勒口。由于勒口的面积较小，又折进了书里，设计时非常容易被忽略。它通常和封面封底一起设计，既是封面的延续，又可以保证书籍设计的统一性和整体性。勒口的内容通常为书籍内容介绍、作者简介等，有的书籍在勒口的内侧粘上装有与书相配的CD。现在国内外的书籍装帧设计大部分都带有勒口，这种设计得到了读者的欢迎和认可。有的书籍特意将勒口做宽，除了满足视觉需求，也可以成为随书的书签，读者用起来也觉得很方便。

六、护封

护封，是包在封面、封底的另一张外封面，一是保护书籍不易被损坏（书在经过多次翻阅后可能会受到一些损害，而护封能够在一定程度上缓解损害），二是可以起装饰作用（一般护封多用于精装书，采用质量较好的纸张）。它与书的高度相等，长度能包裹住封面、书脊、封底。护封一般都带有勒口，因此，封面就不再带勒口了。护封印有书名、作者名、出版社名和装饰图画，从某种意义上说，它也是一种有效的宣传手段，通过护封的内容、质感传递出书本身的气质和精神，使读者喜欢并阅读和购买。

七、腰封

腰封是书的腰带，一般在书的封面外，是一条宽度为封面的三分之一到四分之一的纸带。

其上是书的内容提要，或者一些知名人士的推荐语。从设计的角度来说，它是封面的序曲，同时能补充图书的整体设计，由于腰封多以文字为主要内容，设计时应注重文字的大小、字体和排列形式。从营销角度来说，腰封是最直接的广告，是对书最直白有效的宣传和推广。

第二节　封面设计的原则

封面设计的形式多元，风格多样，虽然设计出的成品不尽相同，但都基本遵循以下设计原则。

一、清晰地表达书籍内容

读者在选择书时，视线停留在每本书封面的时间只有 3~5 秒，封面传递的信息一定要准确、表达清晰，让读者第一时间看到封面时能明确知道书籍的内容。封面的主要组成元素是文字、图形和色彩。文字的传递性快，包含的信息量大，在设计中无论文字的字体形式如何变化，表达一定要明确，特别是书名、作者名等重要信息，不能模糊不清，不要为了追求艺术样式的变化而舍本逐末，影响阅读的识别和连贯性。图形是文字的有力补充，和文字相辅相成，图形的组织要和谐有序，层次分明，杂乱无章会给读者的阅读带来障碍。色彩对人的视觉冲击力很强，文字和图形的色彩搭配要整体统一，过于花哨，反而会影响阅读。

图 6-2-1　《书籍设计》(安德鲁·哈斯拉姆)用书的侧面组成封面图案，切合书籍设计的主题。

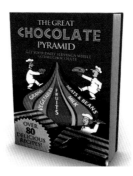

图 6-2-2　The Great Chocolate Pyramid 封面使用巧克力的形状和颜色作为主要元素，让人从视觉到味觉都能感受到书籍的内容。

二、准确传递书籍的主题内容

　　书籍封面是读者对书的第一印象，就像我们初识一位朋友，从外表就能看出性格特点、喜好等，书和读者就像朋友和朋友之间的关系。封面给读者的印象应该与书籍的内容特色相一致，做到表里如一，既不能浮夸，也不能没有个性，要能见封面而知书。当然，封面是不可能代替内容的，但两者在气质上应该是吻合的。比如教学类的书籍封面应是大方、庄重的，可以抽象也可以具象；青少年读物的封面应是活泼、欢快、积极、鲜艳的；小说类的封面应该含蓄而富有意境。总之，书籍封面要与内容相符合，贯穿一致，不能让书的内在和外在脱离。

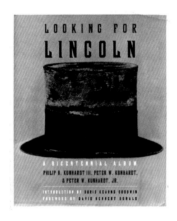

图 6-2-3　Looking for Lincoln
背景营造出宁静怀旧的氛围，准确表达了书的意境。

图 6-2-4　《黄河十四走》
用黄河流域的民间美术图案作为背景，体现出书籍的内容和风格。

三、讲究视觉的美观性

　　封面设计作为一门视觉艺术，对视觉美感有一定要求，要符合基本的形式美法则和平面构图的规律，从而使读者在获得有效信息的同时能有赏心悦目的感受。在文字、图形和色彩的搭配中，在风格统一的前提下注重点、线、面构图布局，在大小、形状、比例、位置的设定，画面的分割，色彩的搭配上做出恰当的设计，使之新颖、独特而又耐看，既有整体性，又有一定的视觉冲击力。

四、体现一定的趣味性

　　封面设计形式有趣，能使读者有新鲜感，从而引起他们的阅读兴趣。封面设计可以打破二维局限向三维发展。由于材料的不同可大致分为纸品类和非纸品类。对于纸品类多采用剪切、折、切折、模压、粘贴、插接等方式；而对于非纸品类，要结合材料本身的性质，进行适当的加工，例如对金属材质可以切割、凿刻等，使之产生各种不同的效果，增加审美层次感。

在互动性的设计中对于版式的设计要注意引导视觉动线，提高阅读兴趣，增强理解能力，表现说服能力以及引起认同感。在视觉传达上要表现出与内容相呼应的势态，使读者在阅读中如同在听音乐，感受到书中独特的节奏和韵律。

在设计封面时，我们应统筹兼顾，使封面实用、美观，同时不失趣味，将封面设计得更加完美。

图 6-2-5 『うかたま』(Micao)
利用卡通的形式表达书籍的主题，新颖又生动。

图 6-2-6 《共产党宣言》(吕敬人)
木头质感的封面朴实而富有厚重感，衬托出书的分量。

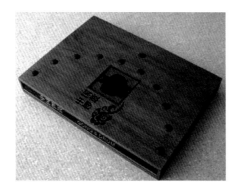

图 6-2-7 《中国锣鼓》(吕敬人)
将锣鼓的鼓钉作为封面的元素，直观表达出书的内容，简洁明了同时也富有趣味。

图 6-2-8 Book in a Book (Daniel Essig)
欧洲现代书籍设计中的独特创意，同时渗透出传统意味的书籍形态。

第三节　封面的版式设计

封面版式设计指在一定的幅面内,确定版式各要素的合理布局,包括图案的形式、文字的编排形式、文字的字体字号、文字的行间空距、版面装饰物的使用等,使书籍封面的版面具有美感。版式设计在封面设计中非常重要,封面设计的版式,是表达立意的语言。如果说立意是封面设计的灵魂,那么版式就是封面设计的骨肉,深邃的立意只有通过完美的版式、精巧的造型才能体现出艺术效果。随着人们审美意识的提高,对封面的要求更为挑剔。封面里文字、图形、标志等在传递信息的同时,也要能通过合理的排列,产生美感。

一、封面版式设计的基本要素

封面中的主要内容包括文字、图形、色彩、质感以及各种组合变化形式等,无论版式如何复杂,都可以将这些内容归纳成点、线、面,这就是版式设计的基本要素。点、线、面的感觉是抽象的。一个字、一个小图形都可以理解成点,一行空白、一条色块、一行字都可以理解成线,一幅大的图片、一个大色块、几行文字、大片的空白可以理解为面。版式设计就是将这些内容组合成整体的、有节奏的、有感染力的画面,从而打动读者。

1. 点的版式

点是由形状、大小、位置构成的,"点"的外形并不局限于圆形一种,也可以是正方形、三角型、矩形及不规则形等。但其面积的大小,当然要限制在必须是呈现"点"的视觉效应的范围之内。当封面上有一个点时,就能吸引人的视线,成为视觉的集中点。点通过聚散、疏密的排列就形成了图形,形式感更强,运用自然散点的构图方式形成的版面活泼多变,散而不乱,变化有序。当版面中的点以阵列的方式组合在一起,视觉上就有连贯性。点也可以以不同大小的形式出现,作为整个版面的背景和肌理,也可以和其他元素结合使用,达到更丰富的效果。

2. 线的版式

多个点按照一定轨迹排序就可以形成线。线具有长短、曲直、宽窄等的变化,线是决定版面形象的基本要素,每种线都有独特的性格,直线给人安定、开阔的感受,曲线富有动感,细长线流畅,粗短线稳重。线的版式在设计中的表现是多样的,文字构成的线通常放在版面的主要位置,成为设计者处理的对象。图案构成的线能成为版式的亮点,增强视觉冲击力,或者分隔文字和图形,连接各种视觉元素,使封面内容组织有序。

3. 面的版式

面在空间里占用的面积最大,所以视觉冲击力很强,在版式设计里有着举足轻重的作用。面的形式多样,有几何形、有机形和不规则形等,在设计中使用的手法也较灵活,除了纯粹的面的形式外,大量的字和图形也可以在版式中形成面的效果,各种形状和层次面的堆积也能给人耳目一新的感受。

4. 点、线、面结合的版式

在实际设计中,版式的形式并不局限于单一的点、线、面,更多是以三种形式结合起来进行综合的考量和设计。根据版面的需要,运用这三种元素,相互结合,使版面呈现出丰富的内容和形式感。

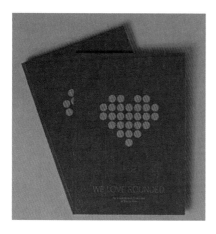

图 6-3-1　WE LOVE ROUNDED
封面用圆形作为基本的点元素 整齐而不失活泼。

图 6-3-2　封面设计(Albert Folch)
垂直的彩色条纹产生丰富的色彩变化,
鲜艳却不浮躁。

图 6-3-3　《21 世纪国家建筑》(Ale Roman)
通过不同方向的线条形成封面的主体,节奏
感强。

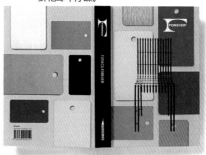

图 6-3-4　Formica Forever (Pentagram)
封面黄、红、蓝等几个面极具视觉冲击力,椅子的
主体黑色醒目突出,线面关系和谐。

二、封面版式设计的原则

在书籍装帧设计中,封面的"形式结构"往往是设计者首先考虑的问题。以文字、图形等内容为元素的点、线、面既要得体、优美,又要编排得有创意。有的封面采用了"竖线"的形式结构,形成一种提拔的力;有的封面采用了"横线"的形式结构,形成扩展的张力;有的用发散的形式结构,形成强烈的动感;有的用圆形来强调稳定、饱满的感觉;有的用斜线结构形成不稳定的感觉。众多的形式结构关系,使得书籍装帧艺术呈现出丰富多彩的样式。在进行封面版式设计的过程中,通常遵循以下原则:

1. 统一与对比的原则

封面版式设计涉及书籍内容的大量信息,封面的表达明确是设计中的首要任务。各种元素之间应该首先保持统一性,有一个整体的基调,比如色彩上是绚丽的或是素雅的,点、线、面中占主导地位的元素是什么等,在确定了基本的思路后,再进行深入具体的设计。

统一强调各种因素的一致性。整齐统一形成的秩序美蕴含在大小相同、间隔相等、横平竖直的严格模式中。在此基础上,要通过对比调和的形式使版式更丰富,产生极具个性的优秀作品。

对比是让相对的要素在互相比较之下,产生形态、动静、明暗、黑白、强弱、粗细等的对比,产生出主次关系以及统一和变化的效果。大统一中带有小对比,可以使画面层次感更强(图6-3-5)。

2. 对称与均衡的原则

对称指版式中心线的上下或左右相同,各元素在排列上达到视觉平衡,具有良好的稳定感、整齐感。均衡的形式富于变化和趣味,它是在不等量的情况下找到平衡的状态,从而给人均衡的感觉。不同的位置、形状、颜色在构图中的重量感是不同的,比如一段文字放在画面上方比在下方更重,深色图形比浅色图形更重,形象完整、面积较大的色块比形象分散、面积较小的色块更重。在封面的设计过程中,要将图形、文字在版面上均匀布局,通过协调画面的要素主次、强弱的差别来获得视觉的平衡。

3. 节奏与韵律的原则

节奏是将相同或相似的元素按照一定的规律,重复连续排列,形成一定的秩序感和律动感。在封面版式设计中,可以通过点、线、面组织出疏密、虚实、重复、连续和条理的形式,或者利用渐变、连续、重复的手法使版面充满韵律感。比如以黑白为主的封面设计,可以采用黑白交替的方法,也可采用白中有黑、黑中有白的方法来形成韵律。

图 6-3-5 封面设计(balsamstudio)
封面整体统一为冷色调,大部分的文字集中在顶端,书名在左方的中上部,字体大小、色彩和排列对比强烈。

图 6-3-6 STAR QUILTS
对称的形式显得稳定,四个形状相同的图案颜色略作区别,让封面整体而有变化。封面正中心为书名,是非常传统的版式形式。

总之,一个好的封面版式设计,能够充分表达封面作者的艺术情感和创造的意境。尽管设计师要依赖文字和图像元素进行版面设计,但是真正能打动读者的还是一个传达信息的气场,即使只有文字没有图像元素,或者只有图像没有文字。从精确地表达内容的设计视角来分解组合,并将原始元素解构和重构,重新合理配置各种元素与版面空间,其中包含着精心计算的数学式版面构成。要在统一的形式构成上展开设计,以控制版面的结构状态及视觉次序。

第四节 封面、封底设计

书籍封面传达的信息多,主要通过文字、图形、色彩、材料体现出书籍内涵。在进行封面设计时要确定一个整体的思路,运用好装帧设计中的每一个元素,使它们能结合成一个有机的整体,能把书籍的内容和美感表达得最好。

一、封面设计中文字的运用

书籍封面可以没有图形,但不能没有文字。封面上的文字是书籍的重要载体,包含的内容很多,有书名、作者名字和出版社名称等,这些文字既有实在的含义,又是抽象的图形符号,既可以进行编排又可以进行重新设计，从而赋予文字既能传递信息又能传达意境的双重功能，使书籍更具感染力。在文字的运用中，首先要了解文字的类型。

1. 文字的类型

汉字历史悠久，经历了甲骨、金、篆、隶、楷的演变，到现在又有印刷体、书写体，各种表现形态使汉字面貌多样，也使书籍封面设计的创作空间更大。

（1）书写体

汉字的结构经历千锤百炼，笔画之间力求匀称、生动。这些字在历代书法家的作品中更是将美感表现得淋漓尽致，或粗犷，或温婉，或稳重，或潇洒。书写体变化无穷，在印刷体占主体的今天，它更是以独特的个性、充沛的情感感染着读者。

（2）美术字体

美术字体的应用极广，它主要是一种装饰性的字体，分为规则美术体和不规则美术体两种。规则美术体强调外形的规整，笔画变化相同，具有便于阅读、便于设计的特点，但较呆板。不规则美术体强调自由变形，无论笔画处理还是字体外形均追求不规则的变化，通常可分成：装饰美术字、形象美术字、立体美术字、自由美术字和连字美术字。

装饰美术字的装饰形式多样：有的在字体本身上进行装饰；有的在字或者是背景中加入图案，从而延展字的内涵；有的将字中的笔画进行局部的变形或者重叠，产生出层次的变化；有的将文字的笔画进行错位或者断裂处理，营造字义所表达的意境。

形象美术字将字的整体或局部，如笔画、部首进行形象化的处理，在字体中添加一些有关联的形象，强化字的含义或特征。

立体美术字指用立体的概念将平面的字形设计成有立体感的字体。主要有透视立体美术字、轴侧立体美术字和本体立体美术字。

自由美术字是将字作为一种符号或形象来设计，变化丰富、随意，潇洒流畅。

连字美术字指将两个以上文字铸成一条组合字体，其整体性强，容易吸引人的视觉注意，多用富有变化的字体，设计空间充分。

（3）印刷字体

印刷体是目前使用最多的字体，使用得最多的主要有宋体、仿宋体、楷体和黑体四类。它们各有特点，在选用时，应与书的性质、内容、读者的爱好相适应。

宋体是在刻书字体的基础上发展而来的，其特征是字形为正方形，横笔细，竖笔粗，对比鲜明,在印刷字体中历史最长,应用范围最广,阅读效果好。

仿宋体是模仿宋版书的字体,字形略长,笔画粗细匀称、结构优美,有清秀自然的感觉,但由于笔画太细,看久容易产生疲劳感,所以通常并不会大面积地使用。

楷体字形端正,容易辨认,但由于笔画和间架不够整齐和规则,阅读效果不理想,通常只用来做标题使用。

黑体结构平直,横竖笔画粗细一致,庄重大方,有强烈醒目的视觉效果,通常用于标题,突出醒目。

在书籍封面设计中,要根据书籍内容、性质选择合适的字体和种类。

2. 书籍封面文字设计要点

在书籍封面设计中,通常从字的外形、笔画和结构三方面进行构思。常用的字体一般是方形,在设计中可以突破原有的形式,形成一定的外形特征,使字形外部产生变化。封面的视觉形象并不是一成不变地只能用单一的字体、色彩、字号来表现,把两种以上的字体、色彩、字号组合在一起会令人耳目一新,产生强烈的对比效果。在笔画设计中,可以根据需要进行连笔、断笔等艺术处理。在结构上,有意识地改变字体的习惯性状态,有意放大、缩小或拉伸文字的某个局部也能收到意想不到的效果(图6-4-1)。

3. 书籍封面字体的排列

一方面,书籍封面中文字的排列应该得体、识别性强、主次分明、条理清晰,封面文字中书名应占主要的位置,字体最大,占的面积最大,可以横排或竖排。字的结构不能过分修改,文字之间的距离合适,要使读者对字的识别没有障碍。另一方面,字体的选择和设计要与书籍内容相符,表现出书本身的特点和气质,从而感染和吸引读者(图6-4-2、图6-4-3)。

图 6-4-1　《地图的发现》(罗洪)
书名用草书表现,大气雄浑的气氛充满感染力。

图 6-4-2　封面设计(Untitled)
整齐的字体排列成了封面中心,通过字体颜色的变化展现出独特魅力。

图 6-4-3　《赤彤丹朱》(吕敬人)
错位排列的文字,朴素又不失活力。

二、封面设计中图形的运用

图形是封面设计中除文字外最重要的部分,它能对文字内容作清晰的视觉说明,是对作品意思的解读、发现和挖掘,同时对书起着装饰的作用。它往往在画面中占很大面积并成为视觉中心,运用图像可以丰富版面的层次,赋予书籍信息传达的节奏韵律、扩大读者更多想象的空间、帮助读者阅读和体验,特别针对儿童和文化层次较低的人,图形比文字更加直接和形象,所以图形设计非常重要。

图形的设计是有目的、有对象的,借助图形的表达,能更快传递出准确、清晰、简洁的信息。图形一般分为两种:具象图形和抽象图形。具象图形包括动物、植物、人、风景及各类物品,这些具象图形可以是照片、绘画或者三维立体图,现代化的手段使图形的表现形式越来越丰富。抽象图形指形态并不是物质存在,而是通过人的思想提炼出来后的一种形式,有的就是几个点、线、面的符号,通过写意的手法表现内容,能给人更大的想象空间,获得有气韵的情调。一些抽象的传统纹样也是非常值得现代艺术设计者借鉴的设计语言,比如几何纹、动物纹、植物纹等,使用这类纹饰,或提取这类纹饰中的一部分,或根据其中某一因素演化、设计出的艺术语言,其装饰效果也能出其不意。随着对传统文化的认同和理解,中国当代书籍设计,特别是文化类的书籍设计很多都运用了传统纹样装饰。巧妙、合理的运用,对烘托书籍的气氛、增强书籍的书卷之气、表达内容主题以及弘扬民族艺术都有极大的帮助。

图6-4-4 《洛丽塔》(陆智昌)
花朵、瓶子带给人很多的联想,符合此书作为女性小说的风格。

图6-4-5 《花间十六声》(陆智昌)
通过古代仕女画像传递出词的优美。

图6-4-6 《毛泽东箴言》(吕敬人)
用写实的照片直观表现书籍的内容,简洁明确。

封面设计中主题图形的编辑运用,是对图形的理性选择、提炼、编辑加工及研究探索的过程,能直接体现"翻译"书籍的主题思想。恰当运用图像,赋予书籍传达信息的节奏韵律,延展了读者的想象空间,同时对提高书籍的艺术品位、欣赏层面、阅读功能、收藏价值,都具有独特意义。

三、封面设计中色彩的运用

色彩是封面重要的视觉元素之一,封面中文字、图形通过不同的色彩明度、纯度、色相的有机结合,能使人受到感染。对色彩的运用必须根据书籍的主题,让色彩的个性情感与主题内容一致,掌握好度的问题,充分运用色彩联想,以达到最佳的视觉效果。同时在使用上也要考虑它在版式上的位置,混合使用时对画面的影响以及有序的排列。

1. 色彩的特征

色彩虽然没有感情,但不同的色彩能带给人不同的心理联想。每种色彩就像人的性格一样,有不同的倾向。红色热情奔放,黄色愉悦明亮,蓝色宁静忧郁,绿色充满生机。在设计中要根据内容和读者的需要,选用合适的色彩。比如鲜丽的色彩多用于儿童的读物,沉着和谐的色彩适用于中老年人的读物,介于艳色和灰色之间的色彩宜用于青年人的读物。

2. 封面色彩设计的原则

(1)色彩设计要符合书籍内容

封面的色彩处理是设计中的重要一关。得体的色彩表现和艺术处理,能在读者的视觉中产生夺目的效果(图6-4-7)。色彩的运用要考虑内容的需要,用不同色彩对比的效果来表达不同的内容和思想。女性书刊的封面色调可以根据女性的特征,选择温柔、妩媚、典雅的色彩系列;悬疑类书籍的封面色彩则强调刺激、对比,追求色彩的冲击力;艺术类书籍的封面色彩就要求具有丰富的内涵,要有深度,切忌轻浮、媚俗;科普类书籍的封面色彩可以强调神秘感;时尚类书籍的封面色彩要新潮,富有个性;教材类书籍的封面色彩要端庄、严肃、高雅,体现权威感,不宜强调高纯度的色相对比。另外,不同的民族对色彩的感受不同,比如结婚的主题,西方的代表色是白色,而中国的代表色是红色,所以在设计特定范围的书籍的封面时,要充分研究所涉及民族的习俗,对色调和配色要谨慎对待。

(2)色彩设计要和谐

　　读者进入书店浏览图书时,首先看到的是大小不一的色块。各种不同的色彩,构成了封面五彩缤纷的世界。一个完整的封面设计,其色彩的语言主要体现于构图,既要注意色彩的纯度和明度,也要注意不同色彩在版面中的位置和上下左右的顺序关系,各种色块的分布应以画面为中心基准,向左右、上下或对角线做力量相当的配置。当同一色彩以中轴线为准线,左右两侧的色彩分量不能达到平衡时,人的视觉也会有不安定感。比如较重的色块偏于中心一方时给人以呆板之感,较轻的色块偏于一方则给人以轻飘之感。所以在设计中要将各种颜色统一地放在一个整体之中,这并不是指色彩平均分布,而是指根据书籍本身的特点,取得一种色彩总体感觉上的平衡。例如用灰色作为背景,可以衬托艳丽的文字、图形,既协调又显亮丽;纯度高的色彩排列在一起,特别刺眼和活跃;和谐统一的色调,让人感到温馨、安逸;同一颜色的渐变色调,有变化又不失统一;利用纸张的原色为色调,给人的感觉是自然、清新,等等。

　　除了各种彩色外,黑白灰的无彩色调也是书籍版式中的重要种类。黑色在封面中可以是点、线、面,版面中有了黑色显得稳重。白色是封面中最容易忽视的部分,它在版面的字里行间,在版面的四周,它和黑色相互对比,相互支撑。灰色是黑白的过渡色,可以是由不同的文字组成的点、线、面的关系。黑白灰的形式有时比缤纷的色彩更能抓人眼球,就像"大象无形"、"大音稀声",有点无声胜有声的味道。

　　一本书的色彩运用不在于多少种颜色、多少种排列形式,关键是能用恰当的方式表现出书籍的主题,感染读者的情绪,不论是纷繁的或是简约的,是彩色的或是黑白的,只要能有效地传达出书本的信息,让读者有阅读的欲望,就是好的设计(图6-4-9、图6-4-10、图6-4-11)。

图6-4-7　《钱学森书信》(吕敬人)
画面宁静且有情节感。

图6-4-8　小学生词典(吕敬人)
图案生动有趣,色彩艳丽,是非常可爱的封面设计。

图 6-4-9　《柳如是别传》(陆智昌)
单纯的色彩与文字的竖向排列表达出书籍的内在韵味。

图 6-4-10　《新北京新奥运地图集》(吕敬人)
封面颜色虽然纯度很高，但文字与线条的叠加使画面清新舒适。

图 6-4-11　《远去的旭光》(吕敬人)
文字与背景渐变的色彩使书籍内容跃然于纸面之上，极具感染力。

第五节　书脊、切口设计

一、书脊设计

书脊是书籍封面里面积最小的部分，也是设计中容易被忽视的部分。随着书籍出版品种和数量的增长，大部分书店由于营业面积的原因，一般将书竖着摆放，只给了书脊露面的机会，人们对书的选择就主要取决于书脊了。一般家里的藏书架、图书馆都是书脊朝外竖着排列的，需要查找时，书脊是最好的向导。有人说封面是书籍的第一张脸，而书脊则是书籍的第二张脸。现在看来，不论是从功能的角度，还是从艺术视觉的角度，书脊都和封面一样重要。要设计好书脊，首先要明确书脊设计的定位、要求、形式。

1. 书脊设计的定位

设计定位是书脊设计过程中首先需要解决的问题。要明确书本的内容性质，比如政治类、经济类、文史类、文艺类、科技类、教育类等，通过书本内容明确读者的群体特征、消费市场的喜好，从而做到有的放矢。例如少儿图书要考虑孩子们的审美倾向，尽量明快、亮丽、新奇、活泼，政治类书籍应体现其庄重、严肃的特点，文史类图书要表现出深沉、严谨的特点。由于书的种类繁多,设计者应适应其所需,显示出应有的个性和特点。

2. 书脊设计的要求

（1）功能要求

书脊是连接封面和封底的重要部位，所以在设计封面时应将其与书脊作为一个整体来构思。书脊一般来说都很窄,国家规定厚度在 5mm 以上的图书,都必须对书脊进行设计。一般来说,书脊部位的颜色、图案等视觉要素最好和封面、封底相互延续,不要孤立。封面的主要设计元素,如书名、丛书名、标识、作者名、出版社名等,在书脊上都应该有,除了字号大小根据需要有变化外,字体和色彩要保持一致,在编排形式上相互统一,书脊设计顺序一般是由上至下排列的。为了确保书脊上的信息明晰,设计中图案、图片和符号的应用要简单清晰,注意主次。

（2）视觉要求

书脊是方寸狭长之地,在设计书脊的时候还要考虑封面的艺术设计风格,不能独立设计。应该根据书脊的宽度,思考适合的设计手法,设计元素布局要合理,同时和封面、封底做到有呼应、有延续。日本书籍设计家杉浦康平曾说:"书脊是编辑的领地,是给封面作画的画家不会被请到的地方。我拿到杂志的第一印象,与我对建筑的想法有关,即把杂志看成是纸张的集聚。在学建筑的人眼里,毫无疑问,它是三维的实体。即虽然仅仅是一叠纸,却是一个立体物。如果是建筑,直立的部分即为立面图或外观,也就是建造有入口的、仰视时建筑的脸面。既然如此,对这个厚度岂有不好好利用之理?"如今,书脊的视觉效果已成为图书设计中一个重要的环节,要想书脊设计能脱颖而出,设计必须布局独特、个性突出、色彩绚丽、视觉冲击力强。

3. 书脊设计的形式

（1）普通书脊

一般的书脊和封面封底一起印刷,是一个整体。通常有两种形式——圆脊和方脊。圆脊给人以敦厚、委婉的印象;方脊则力度较强,有坚实、质朴之感。在设计中,单本书的书脊通常延续封面封底的风格,在字体、色彩上尽量统一,图形图案与封面要连贯和呼应,层次宜少不宜多,通过一些设计元素形成呼应或者延续,不能比封面还要花哨,毕竟书脊的功能性需求是第一位的。系列丛书的书脊比单本书的书脊形式更多样,既要体现多本书的概念,也要有作为一套书的整体统一,有的设计是在文字和色调上有一些变化,用色彩和图形进行分割和融合,这类书脊的系列感分明。还有一类把丛书里的书脊看成一个完整的平面,在满足基本功能的前提下,将一些图形类元素组成一幅完整的画面,这类书脊放在一起整体性强,同时能达到特殊的视觉效果。但在设计时不能为了追求效果破坏画面的整体性或者信息传达不完整,一定要主次分明,重点突出增强识别信息的凝聚力,要把握好读者的视觉舒适度(图 6-5-1)。

(2)裸露书脊

裸露书脊是将书脊装订部分直接裸露出来,打破固有的书脊必须印刷书名、作者名、出版社名等老传统,完全裸露出书脊的胶订和线订的部分(图 6-5-2、图 6-5-3)。如《守望三峡》这本书的书脊部分就是直接裸露出装订线和各页胶合,把书的结构彻底暴露在读者的面前。《杂碎》也是采用同样的书脊设计方式,这是设计师从书籍内容出发考虑得到的结果。因为《杂碎》是讲北京城里的一些跟时尚、流行相关的故事和生活,本身内容形式比较散,设计者在书脊中用胶线将各种颜色的书心组合在一起,整体中又透着些许的杂乱,和书的主题内容有相同的气质。但是这样的设计形式只能根据需要偶尔为之,如果每一本书的书脊都是裸露的,没有传递出必要的信息,那么对于读者来讲,查找所需的书籍就是一个艰难的工程了。

图 6-5-1　各种不同的书脊设计样式

图 6-5-2　裸露书脊
红色的封面搭配黄色的装订线,艳丽醒目。

图 6-5-3　《守望三峡》(小马哥 / 橙子)
黑色的装订线与封面的颜色相互呼应,浑然一体。

图 6-5-4　书籍设计(小马哥 / 橙子)
装订方式与封面的大气磅礴相互呼应。

（3）新型的书脊设计形式

随着材料的发展，现在越来越多的设计师开始运用新型材料来进行设计。书脊的功能性逐渐被材料的多样性取代，有的用塑料梳式装订，还有使用镍制金属夹来进行装订，书的内页是活页，读者可以任意拆分和组合，形成全新的书籍。

书脊设计没有固定的模式，设计中可以结合书籍内容，采用适合的装订形式，对书脊进行设计，使书本的视觉传达和展示功能得到最大的发挥（图 6–5–5）。

图 6-5-5　雕塑作品的图书书脊
此书为介绍雕塑作品的图书，书脊的一部分被切掉，露出机器装订痕迹。封面图片是从多角度对楼梯进行拍摄，两者都反映了雕刻的主题。

二、切口设计

切口指书页裁切的边，是书籍整体中必不可少的一部分，读者每次翻阅都要和切口亲密接触，随着书籍设计的多样化，切口的设计也越来越受到重视，特别的切口设计能够为书籍起到锦上添花的作用。通常切口的设计分为以下几种：

1. 净面式

出版社出于成本的考虑，通常会使用净面的切口设计，其中白色切口是最常见的，也有将切口的颜色与书本内部的颜色保持一致的，净面的切口也可以很精致，有的书籍在切口上烫金，先把书籍裁好切口，然后再在切口上面进行烫金作业。"金"的材料一般有两种，一种是纯金，一种是金的代用品——金粉。最初使用这种装饰的目的，主要在于装饰和防潮，现在更多是为了体现书籍的个性特点。现代书籍设计中，切口设计也丰富多样（图 6–5–6、图 6–5–7）。

2. 图案式

图案式的切口现在越来越广泛地应用于书籍设计中，刚开始人们通过多种颜色区别不同的章节，这种手法既有形式上的变化又有功能上的便利，读者也觉得很实用。后来切口的设计也将图形、色彩、文字等元素引入，既能体现信息符号在传递信息功能中的流动性，又能在无形之中增加书籍的趣味性，得到意外的效果。《梅兰芳全传》（图 6–5–8）将梅兰芳的京剧人生巧妙表达在书籍的切口部分，使读者在翻阅的过程中体会欣赏丰满独特的人物造型，在空间与时间的流动中叙述梅兰芳一生丰富的经历，拉近了读者与梅兰芳的距离，形成超越时空的对话。

图 6-5-6　切口设计

图 6-5-7　切口为凹槽的图书
书籍上端的切口凹槽便于读者拿取，细节非常人性化。

切口的形态依附于书籍的整体形态，书籍的裁切、装订、折叠形式的变化也导致了切口形态的变化。中国的卷轴装的切口是圆形的，线装的切口是方形的，现代概念书的切口甚至不拘泥于一种特定的形态，有可能规则，也有可能不规则，可能在一个平面上，也可能不在一个平面上。书页在翻动时会给人们以触觉的感受，使切口产生非同寻常的表现力，如光滑与毛涩、松软与坚挺，不同的纸质体现不同的韵味，所以现在出现了一种不切纸边的原汁原味的毛边书。有的书籍设计还体现着人与书的互动，在阅读过程中人的参与和纸的魅力融为一体，这种设计方式为书籍设计带来了一种全新的心理感受与动手的愉悦。如效仿古代线装书的形式，文字页是单面印刷，每两页间的书口相连，让读者阅读时亲自撕开切口，这种方式可以增加读者对书籍的参与性，使阅读书籍变得更加有趣。

书籍三面切口的艺术加工，不仅给书籍装帧文化赋予了新的内容，也给爱书者带来了新的乐趣（图 6-5-9）。

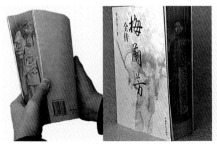

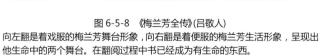

图 6-5-8　《梅兰芳全传》(吕敬人)
向左翻是着戏服的梅兰芳舞台形象，向右翻是着便服的梅兰芳生活形象，呈现出他生命中的两个舞台。在翻阅过程中书已经成为有生命的东西。

图 6-5-9　三面切口
每一页向内折叠 45 度，只有打开才可以阅读。

▦▍▍第六节　护封的设计

　　为了更好地保护书籍和宣传书籍,有的设计者又在书籍主体之外加上了护封、封套和腰封。作为书籍的附件,虽然它们是陪衬,但也能让读者更多地了解到与书本相关的内容。

一、护封的作用

　　护封,顾名思义,是保护封面的一层外包装。它既能增强书籍的艺术感,又能避免书籍在运输、销售的过程中受到磨损。书籍在书店、图书馆会被反复翻阅,多少会被翻旧或者封面卷曲变形,护封能使书籍的受损减小。护封上可以印有文字、图案等信息,能帮助宣传,有广告的作用。

　　由此可见,护封是一种宣传手段,一种与书籍相适应的小型广告。有人把护封比作小型海报,但这只说明护封的一部分功能,决定护封本质的是与书籍内容的联系和适应书籍的形体。

二、护封的组成

　　护封通常为扁长方形,高度与书相等,长度能包裹住封面的前封、书脊和后封,并在两边各有一个 5~10 厘米的向里折进的勒口(图 6-6-1)。护封的纸张通常选用质量较好的、不易撕裂的纸张。现在为了避免护封受损,有的设计者将护封设计得比封面短 1~2 毫米,以免被扯破。

　　护封的组成部分有前封、书脊、后封、前勒口、后勒口。通常设计的重点在前封和书脊上。

　　一般前封上印有书名、作者名和出版社名，护封的书脊至少要印有书名和作者名,因为现在的书大多都是竖放在书架上,所以书脊的重要性也越来越多地凸显出来。护封的后封通常延续前封的风格,有时

图 6-6-1　护封的前后勒口

也会介绍书的内容或者其他人对书的评价,也可以印上作者的简介。

在前勒口上通常印有书籍内容简介或者作者简介,通过简短的介绍,让读者能在最短的时间里得到较全面的关于书籍的信息。前封的设计元素可以延伸到勒口,但应该简洁大方,不能太花哨。

在后勒口上通常印有别人对书的评价,有时也可以印上作者简介或者是作者出版的其他书籍,如果说前勒口是宣传书籍本身的,那后勒口则更多的是对作者或出版社的宣传,同样也对书籍的销售起着一定的促进作用。

现在护封的材料越来越多,一些贵重的书籍,往往在护封之外再裹上一张透明薄膜,效果也不错。还有的使用更为讲究的材料,比如羊皮、漆布、绢和绸缎,等等。一般护封的材料也是根据书籍的性质和内容来决定的,有时利用纸张固有的自然色泽也能打动人。

护封的一种特殊形式是腰封。它是指在书籍的封面或护封外,再加一条宽度为封面高度1/3 或 1/4 左右的纸带,由于放置在护封的腰部,因此叫做腰封,又称半护封,而护封又叫做全护封。腰封其实就是书本作自我推销的一个载体,腰封上印有关于图书的内容提要,如受到什么名人的推荐、获过什么奖、知名媒体对它的评价、国内外的销售业绩等。除了文字,腰封的装饰也要配合书的整体设计风格,使腰封成为买书人与卖书人之间的一座桥梁。

与护封有类似作用的就是书套。大多数的书套是用硬纸板制成的,五面订合,一面开口,书籍装入时正好露出书脊。书套的设计有装饰的,也有不装饰的,还有把封面的设计在封套上重复的,一般在封套上有凹凸压纹或烫压电化铝,也有用丝网印等印出书名和出版社名的。

三、护封的设计

护封的设计在体现出书籍的中心内容的基础上,还要能起到广告的作用,能对书籍进行有力的宣传。

1. 普通护封的设计

和书籍大小相等的护封其实在很大程度上起到的是封面的作用。读者看书时第一眼看到的是护封,在这种情况下,很多护封和封面的设计是统一的。有的直接将封面的设计重复使用到护封中,色彩相对于封面要浓烈些,图形的对比相对强一些,有些可以运用四方连续纹样装饰,产生统觉效果,在视觉上产生由封面到内心的过渡。此时的护封其实就是书籍的封面,设

图 6-6-2 《书籍设计》(Stacy Getz)
护封上写有作者的相关信息。

图 6-6-3 《反建筑史》(矶崎新)
护封红色的字在黑色的背景下很醒目。

图 6-6-4 《马未都说收藏》(马未都)
腰封的文字起到了很好的推广效果。

计中应遵循封面设计的原则,在反映书籍内容的同时,能通过图案、文字、色彩的设计给人深刻的第一印象,从而激发读者的阅读欲望。

2. 腰封的设计

腰封实质就是书的小广告,它用最精炼的语言和形式在最短的时间里让读者了解到书籍的可看性,以引起读者的关注。这是一种吆喝,起到锦上添花的作用。刘震云曾这样评价腰封:"如果这样的文字放在作品里,我肯定不同意,但只放在腰封上,并不影响作品本身的文字。就像吆喝一道菜,再夸张,也不影响这道菜本身。"腰封的设计要配合书的整体设计风格,使之协调、优美,造成"万绿丛中一点红"的效果。文字的排版要注意字体和大小,合理的使用才能达到冲击读者眼球的目的。当然在腰封设计中,文字是占主角的,但有的设计可以根据书籍的气质,反其道而行之,用素颜或者平实的方式,有的甚至没有文字,只是通过图案和颜色营造出一种氛围来吸引读者。同时也可以在书腰的材料上下功夫,在能控制成本的前提下,用硬纸或者有肌理效果的纸等(图6-6-3、图 6-6-4)。

3. 书套的设计

书套通常用于精装书,它一方面保护书籍不受损,另一方面能展示书籍的内容,让读者体会书籍的意境。书套的设计首先要考虑与书籍设计里的其他要素有一定的对应,可以从材质、版式、色调等方面着手。比如吕敬人设计的

《食物本草》，书套借鉴生活中常见的藤制食盒为蓝本，一方面贴近书籍本身要传递出关于古人饮食的自然观，另一方面也能通过提拎、开启食盒的过程引发读者对古人生活方式的遐想，从更深的层次感受书的内容（图6-6-5）。书套的设计在满足人们视觉要求的同时，也要注意形态要简洁、大方，材质要便于使用，在体现风格的同时避免浮夸，表现要适度，用最准确的设计语言提炼出书籍的内涵（图6-6-6、图6-6-7）。

图 6-6-5　《食物本草》（吕敬人）
用藤制的食盒传递书籍主题即最朴实的营养料理大全。

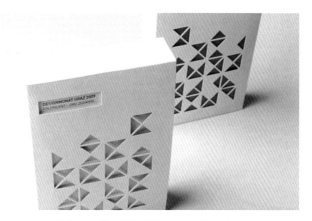

图 6-6-6　镂空的图形（Christoph Almasy）
白色书套看似平常，但镂空的图形显露出标题与封面颜色，让人有翻阅的冲动。

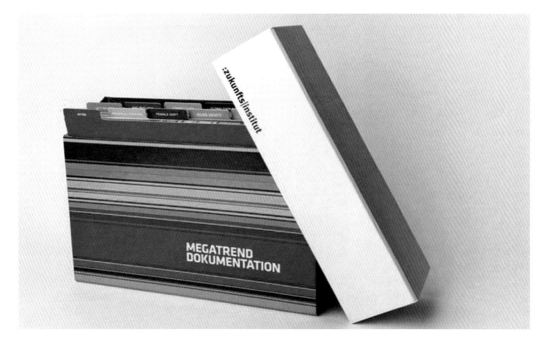

图 6-6-7　书套设计（Christoph Almasy）
白色书套与彩色书套的结合增强了趣味性。

▨▨‖ 第七节　案例赏析

图 6-7-1　字体与底纹(Fernando Forero)
个性的字体与底纹的搭配宣扬出书籍内容
具有鲜明的个人特色。

图 6-7-2　向勒口延伸的图形(Laurence Lee)
　封面的图形延伸到封底，连续性大大增强。

图 6-7-3　文字与颜色(Tom Emil Olsen)
红色与黑色的搭配给人庄重稳定的感觉，
符合书籍历史内容的展现，文字的特殊工
艺处理显得更加精致。

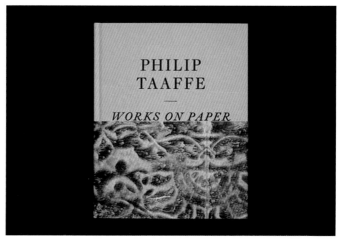

图 6-7-4　色彩对比(Steven Jockisch)
封面上部分的纯色与下方的色彩形成极为强烈的对比，将艺术家的作品选择局部进
行放大展现，很好地体现了个人风格。

图 6-7-5 线条(Ken Lo)
并置的线条倾斜排列，带来的动感非常强烈。

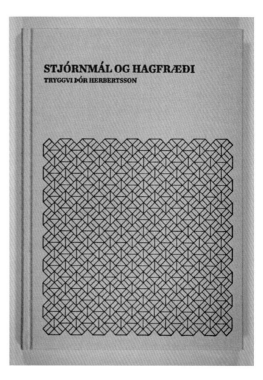

图 6-7-6 重复的图形(Þrleifur Gunnar Gíslason)
封面设计简洁，并列重复出现的图形带来的整齐划一的感觉给
人理性的感受。

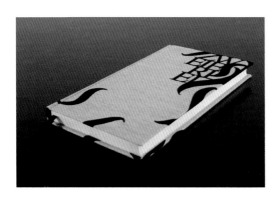

图 6-7-7 书籍设计(Benny Schaupp)
优雅的曲面与文字的组合让人赏心悦目。

图 6-7-8 书籍设计(Christoph Almasy)
大面积色块的组合使封面非常显眼，白色的文字醒目突出。凸
版印刷的段落文字提升了书籍的质感，与标题形成强烈对比。

图 6-7-9 书籍设计(Benny Claudia Bock)
彩色的气球散点排列在天空中,给人感觉轻松,文字的
凹版印刷使书籍的质感得到提升。

图 6-7-10 书籍设计(Christian Mortlock)
立体化的文字与色彩艳丽的封面色彩形成强烈反差,极大地提高了注意
力。文字的轮廓线颜色与封面颜色相呼应,加强了彼此的联系。

图 6-7-11 书籍设计 (Urszula Bogucka)
自然的魅力让人印象深刻,封面丰富的肌
理表现与文字的单纯形成对比。

图 6-7-12 书籍设计(Patrycja Zywert)
镂空的图形显露出下方的包装结构图,使书籍的内容一目了然。明亮的绿色给人愉
悦的心理感受。

图 6-7-13 书籍设计 (Kidd Chip)
文字组成的图形与上方合为一体，趣味性增强，红色与黑色的对比极为强烈，将书籍精神很好地体现出来。

图 6-7-14 书籍设计 (Daniela Meloni)
明亮的色块并置带来的简洁风格使文字更加突出。

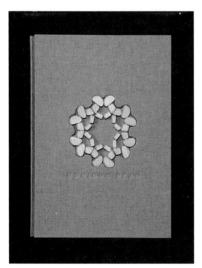

图 6-7-15 书籍设计 (RoAndCo Studio)
中间部分材料的拼贴与凹进去的图形完美结合，体现出高级珠宝的品质感。色彩的单纯也辅助了这一主题的展现。

图 6-7-16 书籍设计 (Nicole Kraieski)
镂空的数字显露出的建筑实景使书籍内容一目了然，通过特殊工艺处理的封面与文字更具感染力。

图 6-7-17　肌理的运用(Beatriz Milhomem)
肌理的运用使天然质感的享受得到极大提升。

图 6-7-18　趣味性的图文(Beatriz Milhomem)
趣味性的小图形与文字的组合使气氛显得轻松愉悦。

图 6-7-19　书籍设计(Sara Westermann)
手写的字体个性张扬，叠加的组合方式配以红色与绿色的变换
加强了层次感。

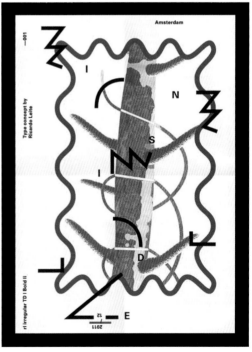

图 6-7-20　抽象的图形语言(Ricardo Leite)
抽象的图形语言给人带来更多的联想。

课题思考

1. 如何正确理解书籍封面设计的作用?

2. 书籍封面设计应该注意哪些方面的问题?

3. 如何通过书籍封面设计拉近与读者的距离?

4. 书籍封面设计的创新性怎么体现?未来书籍封面设计会有怎样的形式?

课题训练

1. 课题内容:设计四种不同种类的书籍的封面,16开本、32开本各两个,书名自定,包括封面、书脊和封底。其中的两本,一本有腰封,一本有前后勒口。

2. 训练目的:通过对不同内容书籍封面的设计,让学生了解不同的表达元素和方式,培养学生拥有更广泛的视角,能从多方面的视角出发来思考和感知书籍封面设计,从而提高学生敏锐捕捉设计元素的能力和设计水平。

3. 课题要求:针对不同内容的书籍,提出设计的流程,并对最终的定稿进行分析。

4. 完成时间:课外进行课题练习,12课时内进行同学互评、老师点评。

5. 产生结果:图片电子文档和封面实物。

建议活动

1. 考察文具店或者大型的纸品市场,了解不同材质的纸及其他可能作为书籍封面的材料。

2. 将学生的作品集中在一起做一个小型的书展,大家各自讲解自己的设计理念和作品的特点,大家一同评出十本最美丽的书。

第七章
书籍前辅文的设计

课程概述

本章介绍了书籍前辅文的结构组成和正扉页的设计内容、设计原则及扉页、版权页、目录页、序言的设计。

教学目的

本章要让学生了解书籍设计中前辅文的结构和内容，前辅文设计的原则，让学生树立一种观念，就是书籍构件的设计与其封面、封底、书脊的设计同样重要，它们共同形成了书籍的整体，是书籍风格和内容的展示。

章节重点

重点是掌握前辅文设计的构成要素和设计的结构与内容。

参考课时

10 学时

阅读书籍链接

1.《书籍装帧教程》，成朝晖，中国美术学院出版社，2006年。

2.《历代书籍装帧艺术》，李明君，文物出版社，2009年。

3.《书籍装帧》，邓中和，中国青年出版社，2007年。

网络学习链接

网站：http://opus.arting365.com

搜索关键词：书籍装帧设计　正扉页　版权页设计　序言设计

第一节 前辅文的组成

　　前辅文,是指正文前面的一组书页,包括护页、空白页(像页或卷首的插页)、扉页、版权页、序言(题词、感谢页)、目录页等。前辅文的数量和次序安排很灵活,可以根据书籍的内容、性质、设计风格来决定,比如把版权页放在正文后面,像页放在护页上或取消像页等。

图 7-1-1　传统的中式扉页(曹洁)

图 7-1-2　传统的欧式扉页

图 7-1-3　古籍书名页

图 7-1-4　护页(曹颖)

图 7-1-5　扉页

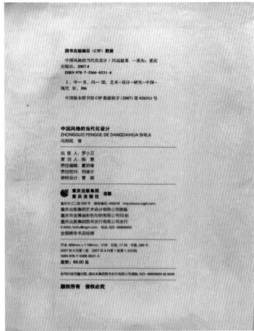

图 7-1-6　版权页

▌▌第二节　扉页的设计

　　书籍的扉页，最初是为了让读者和出版商能迅速辨认和区别不同内容的书籍而形成的。其作用如应门的屏风、舞台的内幕、服装的内衣，对人们的阅读起着一种内衬缓冲的作用。

　　第一张独立的扉页是 1463 年德国人彼得·舍费尔为国王查理的赦书设计的。扉页在 15 世纪和 16 世纪的欧洲得到了广泛的应用。由于人们很早就认识到扉页具有重要的作用，所以在扉页上常常用书法、美术字题写书名和插图。19 世纪，德国人约翰·契肖德提倡"新客观主义"，推广了均衡的扉页设计，成为现代书籍设计的里程碑。

　　扉页，也称内封或副封面，是封面或衬页后面的一页，是前辅文的核心，是其必不可少的部分，设计时应该把重点放在扉页上。扉页的构成要素有书名、作者名、出版社名，一般与封面上的文字是相同的，但名称信息更为详尽：作者名要用全称，翻译书籍还应包括原作者的译名及国籍;多作者的书,在封面上列载主要作者名,全部作者名可在扉页后加页列载或直接在扉页上列出。

为了迎合人们的阅读习惯,扉页的方向总是和封面一致的。我们打开封面,翻过环衬和扉页后,文字就出现在右页的中间或者右上方。此外也有利用左右两页作为扉页设计的,扉页与前环衬的背面(空白页)合成一幅双页的画面,称为两扉页。画面相比单页整整增加了一倍。扉页的设计力求简结,并留有大量空白,好似在进入正文之前有块放松的空间,犹如门里面的屏风,给读者以遐想的余地。随着人们审美观的提高,扉页的质量也越来越好,有的采用高质量的色纸,有的还有肌理,散发出清香。有的还附有一些装饰性的图案或者是与书籍内容相关并有代表性的插图设计等。这些对于爱书的人来说无疑会带来一份难以言表的喜悦,从而也提高了书籍的附加价值,吸引更多的购买者。扉页还起到装饰和保护书籍的作用,即使封面坏了,也不会影响正文的阅读。

扉页一般在右页,左页形成一页空白页。这一空白页加强了右页的效果,提高了它的地位。

图 7-2-1 《2001 国外书籍封面》扉页(汪稼明)
扉页采用和封面一样的构图,一样的字体,只在色彩上作了变化,明度对比弱了。

图 7-2-2 《宋人画册》扉页（曹洁）
传统的出版物装帧风格，扉页的色彩和勒口色彩呼应，书名
的字体和封面一致，但构图作了新的安排。

图 7-2-3 《民俗拾穗》（柯鸿图）
该书名为《民俗拾穗》，故扉页设计采用了民间剪纸作为装饰图案，
独特的色彩搭配，简洁明快，增添了扉页的观赏性和趣味性，将扉
页的补充说明作用发挥得恰到好处，而且矩形的图片形状刚好对应
了书籍正方形的开本。

扉页是读者阅读正文的一个前奏，它的设计应与封面设计风格一致，但又要从颜色、图形
上找一些变化，以免给人雷同、重复的感觉。扉页应以简练为主，并留出大量空白，好似在进入
正文之前有一个放松的空间。

图 7-2-4 封面和扉页设计《包装设计圣经》（储晓宇）

　　扉页的设计一般以文字为主，书名的字体应与封面一致，选用较大号字体，作者名字用小一些的字号，出版社名选用更小的字号，一般采用三种不同的字号就可以了。有些书名会用美术字体或书法体，要注意根据书的内容和整体装帧风格去选择字体。例如，理论性书籍，可能会选用印刷体，给人稳重的感觉；艺术类书籍可能会选书法体，独特、有个性；儿童书籍可能用到稚嫩的手写体，活泼、可爱。同时，可采用一些特殊纸张提高书的附加值。

　　扉页设计应当成为封面的补充或者是延续，应表达书籍的思想内容、语言风格和时代精神。它所承载的文字与封面的要求类似，但要详细些，它的存在不仅仅是对书籍的装饰，而且也是对封面主要文字的补充说明。

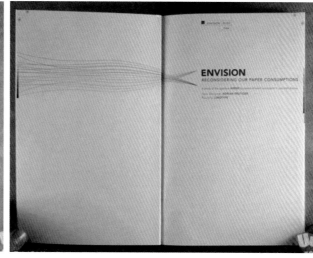

图 7-2-5　封面和扉页的设计《设想画册》（图片出自设友公社）

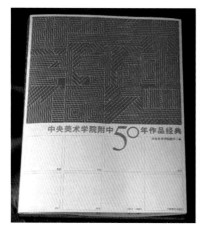

图 7-2-6　封面与双扉页设计《中央美术学院附中 50 年作品经典》（吕敬人）

第三节 版权页的设计

版权页是出版社"版权所有,翻印必究"的专利标记,国家标准正式名称为书名页。版权页的内容包括:书名;著作者、编者、译者的姓名;出版者、发行者、印刷者的名称及地址;图书在版编目(CIP)数据;开本、印张和字数;出版时间、版次、印次和印数;标准书号和定价等(图7-3-1)。

如图 7-3-2 所示为《书籍设计》的版权页设计,打破版权页没有图案的设计常规,把中国书籍设计网的 LOGO 加入页面中,但并没有使用过于复杂的图案和色彩,因为它是一本书身份的象征,有其严肃理性的一面。

一般情况下,在版权页的设计中,文字以宋体作字体的粗细、行距的宽窄变化,构成版面井然有序的视觉层次。文字排列方式以齐左排列居多,行首自然就产生出一条清晰的垂直线,显得大方利落,同时也符合人们阅读时视线移动的习惯。文字齐中排列时,以中心为轴线,两端字距相等,视线更集中。大多数版权页的设计以纯文字的形式进行编排,个别带有图形表现。

图 7-3-1 《玩具》版权页(来克·英克潘)

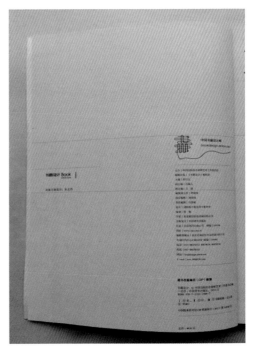

图 7-3-2 《书籍设计》版权页(刘晓翔、张志奇、张申申)

▨▍ 第四节　目录页和序言的设计

一、目录页的设计

目录页在出版物中起着展示出版物内容纲领的作用,既便于读者查找内容,也便于读者迅速了解全书的概况。目录页一般放在正文前。

目录页的编排强调章节条目的有序性和格式化。字块的大小、形状以及色彩是需要考虑的问题。一些出版物的目录还添加了色块、线条、图形、图片等元素,以进一步丰富目录页的样式。

目录页中标题的位置在传统的出版物中比较固定,而创新的方式也在不断探索中逐渐出现。比如常规目录页版心较小,现在有意将版心做大,使目录充满版面;或者将目录不放在版心中间,偏左、偏右、偏上或偏下,使版心部分大片空白,也能收到意想不到的效果;又或者运用展开页式的对称设计方法, 如左页是标题,右页是页码,位置可集中在订口,也可分布在切口两边; 还可以采用上下对称的方式,运用竖式构架,上面标题下面页码,等等。目录页中标题位置的设计方法有很多,通过这方面的训练可总结出许多新异的方案。

目录的字号一般与正文字号相同或略小一些。目录页的版心可比正文小一些,也可相同,分栏通常与正文一样,正文双栏时,目录通常也使用双栏的格局。

图 7-4-1　目录页(曹颖)
图案、色彩、位置等因素使目录页显得大气而不失庄重。

图 7-4-2 《书籍设计》目录页(张晓翔、张志奇、张申申)
通过字体的大小、行距的宽窄等变化,将目录文字作层次化处理,辅以不同的色彩背景,使目录内容一目了然。

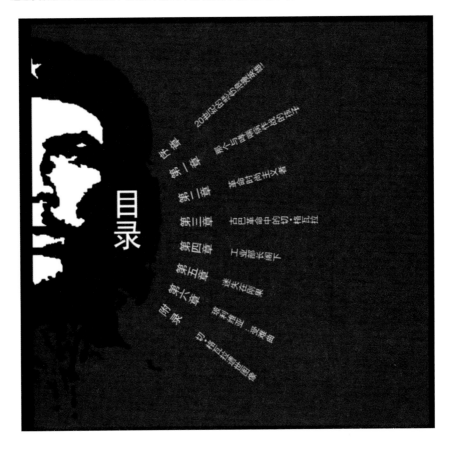

图 7-4-3 《切格拉瓦画传》目录页(孟凡贺)
将目录文字作旋转图形化处理,结合色彩、图形等的辅助,使目录页的设计灵活生动。

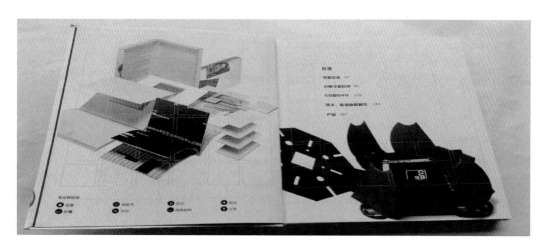

图 7-4-4 《包装设计圣经》目录页(储晓宇)
目录页的背景采用和出版物内容有关的图片,使目录融在出版物气氛中。

二、序言页的设计

序言位于正文的前面,是由作者、译者、编者、特邀人士或以出版社的名义写的序、前言或编者说明等,序的内容通常包括:(1)图书主要内容特色及表现形式方面的特点;(2)写作背景和写作过程;(3)介绍或探讨图书的学术价值及现实意义;(4)对读者如何阅读、使用本书的建议等①。

序言一般选用与正文一样或比正文小一些的字号。当序言内容不多或者写序的人物比较重要时,也会采用比正文大些的字号。

图 7-4-5 《艺术设计》序言页(刘小康)
序言页设计者以作品"椅子"的一部分贯穿于整本作品集。将图像与文字融入统一的设计统筹之中,即使有千种万种的元素,对设计章法的准确掌控也会引导读者进入意境,使读者感受到一种气的流动。"得法不如得意,得意不如得气",好的书籍设计的高妙之处正在于此。

①蔡鸿程:《编辑作者实用手册》.北京:中国标准出版社,2009 年。

无论是自己写的序还是别人代写的序,都是相对比较严肃的,所以版式、构图等设计多数较严谨,为避免太过呆板,可配点、线、面等简单图形或单色的图案,但要以不影响文字的阅读为前提。当然,根据书籍的内容和性质的不同,也可以灵活变化。

图 7-4-6 《中国戏剧》序言页(曲岩)

虽然序言页的设计较特殊,但装帧风格与出版物的文字所表达的内容是一致的,这是序言设计的基本要求。

第五节 案例赏析

案例一:跨页的扉页

有的图画书的扉页,与前环衬的背页合成了一幅双页的画面,比如获得 2001 年澳大利亚童书奖图画书大奖的《狐狸》,画面相比单页来说,整整增加了一倍,一只狐狸咬着一只受伤的鸟从森林大火里逃了出来,火舌般的狐狸,还有火红的沙漠……或许是这些关于"火"的意象,使得这本书呈现出一种暗红色的基调,仿佛有火苗在燃烧,形成了一种强烈而具有震撼性的视觉冲击力。

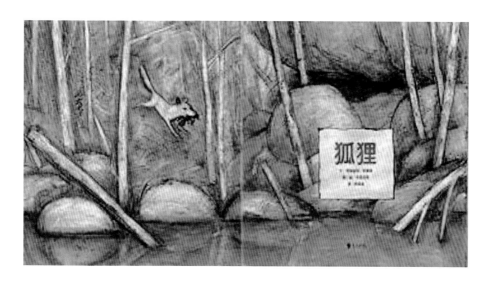

图 7-5-1　《狐狸》扉页
玛格丽特·威尔德(Margaret Wild)/ 文　罗恩·布鲁克斯(Ron Brooks)/ 图　林真美 / 译　远流出版社 2003 年版。

案例二 : 给我们第二次阅读的乐趣

　　有的扉页, 头一次看时还看不出什么名堂, 但当你读完了整个故事回过头来再看时, 就会明白作者的良苦用心了。佩特·哈金丝是一位英国女画家, 她的《母鸡萝丝去散步》非常有名。萝丝是一只大大咧咧的母鸡, 这天它在农场兜了一个老大的圈子, 却不知道后面始终跟着一只垂涎三尺的狐狸! 其实, 这本书的扉页就是母鸡萝丝的一张散步地图。对照地图, 可以一一找出那只狡猾的狐狸是在哪里踩到了钉耙, 是在哪里栽进了水塘里⋯⋯看, 扉页给了我们第二次阅读的乐趣(见图 7–5–2)。

图 7-5-2　《母鸡萝丝去散步》扉页 Pat Hutchins/ 图

案例三：会讲故事的扉页

大卫·香农在《大卫去上学》的扉页上，也给我们留下了一个悬念：一位穿着红色高跟鞋的女老师双手交叉地站在讲台前面，最吸人目光的，还是女老师那双呈外八字型站开的脚了。尽管她的脸被切掉了，但我们看得出她是彻底地生气了。淘气的大卫这回在学校又闯了什么祸呢？读者刚看完活泼生动的封面，还没来得及看故事，就已经开始为大卫担心了。

图 7-5-3 《大卫去上学》封面 David Shannon / 图　　　图 7-5-4 《大卫去上学》扉页 David Shannon / 图

课题练习

1. 课题内容：选择一本传统风格的书（精装版）进行装帧设计。页码不少于 10P，内容和形式不限，根据自己选定的内容制作。

2. 训练目的：学生通过书籍的内容，设计符合书籍风格、能表达书籍内容的扉页以及相应的辅文。

3. 课题要求：必须具有护封（封面）、勒口、硬衬、封底、书脊、环衬（封二）、扉页、版权页、序言、目录、章节页、正文、插图页、页码、页眉、页脚。

4. 完成时间：8学时。

建议活动

1. 在书店实地调查书籍装帧中扉页设计的实例，并进行拍照收藏。

2. 收集十款不同风格的优秀的现代书籍扉页设计案例。

第八章
书籍的正文设计

课程概述

本章主要介绍了书籍正文版式设计的原则、形式以及排版的方法，正文版式设计的基本流程，版式设计中字距、行距、段落区分、标题等部分的常用形式和设计方法。

教学目的

通过教学，使学生对版式编排有全面的了解和掌握，更好地设计出符合读者视觉要求的版面。

章节重点

有效地组织文字、图形的编排方法，设计出新颖、独特、符合书籍性质及读者审美理念的版式。

参考课时

8 学时

阅读书籍链接

1.《英国版式设计教程》，艾伦·斯旺，上海人民美术出版社，2004年。

2.《装帧设计》，罗杰·福赛特·唐，中国纺织出版社，2004年。

3.《版式设计》，徐舰，杨春晓，重庆大学出版社，2008年。

4.《GRIDS网格设计》，(英)安布罗斯，(英)哈里斯编著，刘静，译，中国青年出版社，2008年。

网络学习链接

网站:http://www.warting.com/gallery/book/

搜索关键词：装帧设计　概念书　版面设计　版式设计　材料构造形式

第一节　正文的内容和结构

正文设计是书籍设计的重点,是关乎书籍成败的重要部分,好的正文设计能使读者真正领会书籍的意义所在。

在正文设计中,文字是内容的核心部分,其次是书籍的众多元素,如图片、色彩等,要将它们整合起来,进行统一设计,出色的正文设计的关键是要把握书籍的精神内涵,这就需要设计师依靠自身的文化修养和个性品位了。随着生活水平的不断提高,人们的消费观念也在逐渐发生变化,由对物质的追求逐渐转向对精神、文化的追求,原本是属于功能性的消费,越来越多地渗透进审美内涵,有的功能性的需求甚至降低到次要地位,而审美需求上升到首要地位。书籍设计艺术的美观性也被提到越来越重要的位置上来。设计师必须不断创新,才能形成自己的既有丰富内涵,又适应市场需求的独特的书籍设计风格。

一、版心

版心是页面中主要内容所在的区域,即每页版面正中的位置。版心通常有用做对折准绳的黑线和鱼尾形图案,有的还印有书名、卷数、页码及本页字数。

传统的版心受到出版物类型、开本、功能、读者等因素的影响。一般情况下,理论出版物的版心较小,四周多留白边。这样,既便于集中阅读,又便于读者在空白处批注。科技出版物具有较强的功能性(如工具性),一般是专业人士阅读,故其页面中的白边面积较少。而工具出版物如字典、百科全书等,因为不是通篇阅读,只是短暂查阅,加上文字量大,故白边面积更少。摄影画册的版心可适当大一些,因为这类出版物的图片比文字更重要。诗集和散文特别讲究文字排列的气质和品位,故强调空白的处理和文字密度的疏朗关系。珍藏版出版物版心大多较集中,有较多的外白边,尽显出版物的豪华与气派。许多休闲出版物的版心没有固定的模式,强调活泼多变的视觉感受。以上是传统版心经营的常用手法,在具体设计时可借鉴。

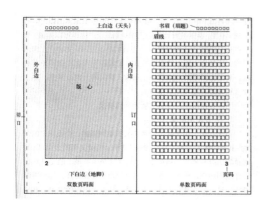

图 8-1-1　正文的结构图示

图 8-1-2　华纳音乐宣传册(Moffitt)
大多数摄影类出版物中的图片较大，常用出血的版式。

图 8-1-3　《吸血鬼日记》(王星)
将方形图和出血图同处在一个展开页中，具有视觉对比作用。

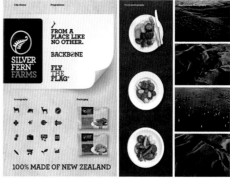

图 8-1-4　Silver Fern 农场形象设计（Matt Ham-
mond ）
将平面方形图和立体图展示在同一个页面中，丰富了
版面的层次，拉近了自然和生活的距离。

　　版心与版面的不对称关系是丰富版心形式的重要途径。如原本居中的版心作大幅度的上、下、左、右移动，形成不同寻常的视觉效果。而全满的版心使版面充实，具有扩张力。另外，版心的外形与开本的样式形成对比关系，也是一种视觉变化。如在长方形的开本里用正方形的版心或扁宽的版心表现。总之，不管是传统的版心，还是变异的版心，都要适合出版物内容的需求，见图 8–1–5 所示。

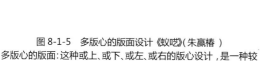

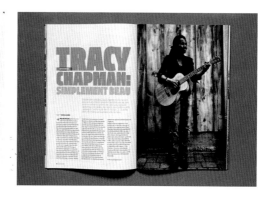

图 8-1-5　多版心的版面设计《蚁呓》(朱赢椿)
多版心的版面:这种或上、或下、或左、或右的版心设计,是一种较新的版面形式。

图 8-1-6　杂志版式设计 30° Magazine（Nicolas Zent-ner）
左页满版心的编排与右页的长方形版心,形成了严谨与活泼的视觉对比。

二、标题

　　标题是文章的眉目。各类文章的标题,样式繁多,但无论是何种形式,总要以全部或不同的侧面体现作者的写作意图、文章的主旨。

　　标题具有梯级变化,即标题的大小、位置等因素的序列变化。这是依据标题内容的逻辑关系而设定字体、字号、字距、行距以及字行和字块形状、大小等关系。有时,标题的梯级变化与图片相结合。

图 8-1-7　标题与图的设计《芭莎艺术》(徐洋)
将标题和图形作双页的编排,这是一种奢侈的做法,用图来表现标题的内容。

图 8-1-8　标题页的设计《幸福有 7 种颜色》(熊琼工作室)
将章节独立出来设计,对文字、色彩、构图等作精心策划,使细节设计更富个性。

三、段落的文字编排

　　这是设计段落的形状、大小、色彩以及段落间关系的正文结构形式。另外，段落的起行也是寻求变化的重要因素。

图 8-1-9　版式设计 Your Type of Book
（Aurelie Maron）
文字块的色彩和背景变化丰富了段落的
视觉效果，段落起行文字的变化，丰富了
段落的形式。

图 8-1-10　正文设计《吕敬人书籍设计》（吕敬人）
段落起行文字的图形化变化，丰富了段落的形式。

四、页码

　　页码是出版物先后顺序的依据，它决定了出版物的序列结构。页码是正文版面中的一个点，既有很强的功能性，也是一个装饰因素。

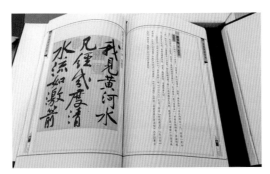
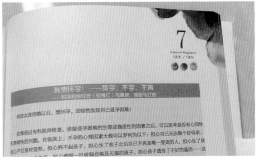

图 8-1-11　传统页码设计《中国传世行书》（王慕军）
一种用色块表现的页码形式，位置居于页面下方，便于快速查找。

图 8-1-12　页码的设计《幸福有 7 种颜色》（熊琼工作室）
将两个页面的页码设计在单页上，下方的水彩色块与整体装帧风格一致，使版面显得丰富又活泼。

五、页眉

　　页眉是版面中的一个独立的"装饰符号"。页眉在书中具有一体性和灵活性。当然页眉也具有很强的功能性。它使读者明白出版物的结构,具有很好的导读作用。另一方面,它具有统一各页面的功能。页眉的形式多样,如可以是点、线、面的几何符号,或者是插图、绘画、摄影、图案等具体图形。

图 8-1-13　经典的页眉设计《Strassenfeger 杂志视觉形象设计》(Rene Bieder)
页眉设计简洁而统一,配合红色的三角形作为主要视觉形象,感觉简单但不平凡。

图 8-1-14　带图形的页眉设计《澳大利亚罗利纸业企业画册》(Moffitt)
页眉色彩和图形具有强烈的指向性和视觉冲击力,给版面沉闷的灰色调增添了活力和时尚感。

第二节　正文版式设计的原则

　　正文版式设计的好坏直接影响到书籍的整体质量,我们在进行版式设计时要遵循一定的设计原则,在遵循这些原则的基础上,创作出具有鲜明个性的版式设计。

一、形式与内容的统一

无论怎样完美、独特的版式设计,都必须符合主题的思想内容。在版式设计的过程中,设计者首先要领悟书籍的主题思想及内涵,再融合自己的思想情感,找到一个符合两者要求的完美表现形式,确保形式与内容的统一。

书籍版式设计的目的是更好地传播书籍的信息内容,因此,设计师必须明确书籍作者的写作目的,通过设计来帮助作者表达书籍的内容及主题。版式设计离不开书籍内容,要体现书籍内容的主题思想,以增强读者的注意力与理解力,只有做到主题鲜明突出,一目了然,才能达到版式设计的最终目的,而不同类型的书籍应用不同的表现方式,这样才能达到内容与形式的统一。

图 8-2-1　杂志 Bleu Magazine(Squat)
页面的版式将严谨的文字段落与手写体对比,产生强烈的对比效果,表现出丰富的层次感,风格前卫。

图 8-2-2　《三菱地产:未来月球》(DENTSU KANSAI OS-AKA)
大面积的圆形图案与规范的文字之间形成强烈的对比,视觉效果夸张而又醒目。

1. 艺术类书籍

艺术类书籍的版式设计讲求个性,应体现出艺术气息,文字、图片的编排可以大胆尝试各种不同的形式(如图 8-2-3)。

2. 娱乐类书籍

娱乐类书籍可多配一些图片、花边及彩色插页,吸引读者的阅读兴趣,可以选择轻松、活泼、有动感的字体以增强书籍的视觉冲击力(如图 8-2-4)。

3. 文艺类书籍

文艺类书籍的版式可根据书籍内容选择或古朴典雅或浪漫抒情的设计风格,卷首、插页、边框等地方还可配上各种装饰性图案,使之能准确生动地表达书籍的内在气质。

4. 学术科学类书籍

学术科学类书籍的版式设计一般要做到简洁、朴素,字体字号适中,编排紧凑,布局合理,确保版面的清晰性和内容的可读性,版面不宜做过多的装饰,做到价廉物美。

5. 低幼类儿童书籍

低幼类儿童书籍的版式设计应以图片为主,适当的简洁文字为辅,内页的色彩应以鲜艳为主,因为孩子在认识事物之前,先对颜色有感知,其次才是轮廓形状。

图 8-2-3 Maria Corte Maidagan 的抽象插画作品
色调含蓄而深沉,文字组合富有节奏和韵律,传达出复古典雅的风格。

图 8-2-4 冰淇淋背景图案
甜蜜的色调背景,有趣的形体和有序的排列组合,非常能吸引儿童的目光。

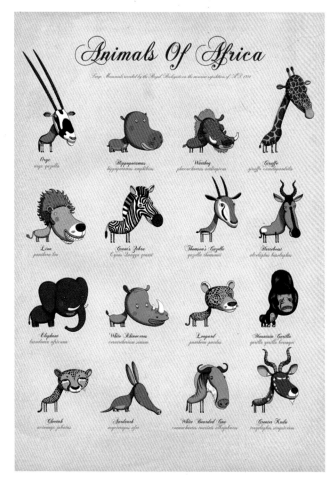

图 8-2-5 Andy Ward 设计的插画海报
超萌的动物海报设计,不仅吸引儿童的注意,更能唤起成人的爱心。

二、强化整体布局

　　书籍中的章节标题、图片、附录等内容纷繁复杂，在进行版式设计时要考虑各种编排要素，在编排结构及色彩上作整体设计，避免各自为阵。无论是结构框架的设定、设计元素的运用还是设计风格的确立，都要突出内容，烘托主体，使主次层次清晰，一目了然，避免版面整体效果的松散现象。版面里的文字、图片位置设定是根据一定的规律有序地排列组合，首先要适应读者的阅读习惯，让读者能有选择、有区别、有次序地阅读；还要正确运用图、文及空白版面之间的关系，合理搭配，营造出版面的节奏层次和空间感，使版面达到局部与整体的统一，各种元素彼此呼应，息脉相通，和谐一致。

　　书籍的整体结构一般是指正文、辅文、表格等附件的排序，这个结构的安排，是否有利于表达书稿内容，是否符合广大读者的阅读习惯和使用要求，这决定着局部结构的布局，也就是说书籍各部分、各章节的排列和连接是否合理，图、表等与正文的衔接是否妥当。更深入的结构问题还有字体大小、间距、标点、标题的占行等，我们在设计时要从整体结构布局出发，以整体结构布局为依据，逐层深入到小的细节部分，如字号大小、字体轻重搭配，全书另页、另面、另行、回行等要符合规律，引文、注释、译文等与正文要配合，做到局部服从整体，整体为局部服务，使整本书结构清晰，层次清楚。

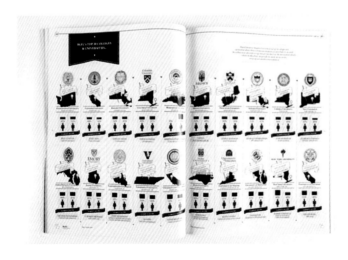

图 8-2-6　Bleu Magazine(Squat)
图片运用了近似的组合原理，整体布局上形成反复的视觉效果。

图 8-2-7　伦敦设计博物馆(Alan Fletcher)
文字位于页面的最佳视域，文字的图形化排列显得简洁而又醒目，还传达出更深刻的内容。

三、形式的美观性

　　版式设计是为书籍内容服务的,我们要找到一个最适合的设计语言来达到最佳的诉求体现。整体设计构思、风格确定后,开始进入版面构图布局和表现形式设计。意新形美,变化而又统一,并具有审美情趣,很大程度取决于设计者的文化涵养、思想境界、艺术修养、技术知识等。设计者不仅必须全面了解排版、印刷、装订等书籍生产过程及工艺等知识,还要学习美学基本理论和造型艺术知识,研究书籍内容及不同读者群的心理,更要不断丰富自己的知识面,增强探索和创新意识,用最美的形式表现书籍内容。版面的装饰元素是由文字、图形、色彩等通过点、线、面的组合与排列构成的,并采用夸张、比喻、象征的手法来体现视觉效果,既美化了版面,又加强了传递信息的功能。不同类型的版面,具有不同方式的装饰形式,可以使读者从中获得美的感受。标题处理是版式设计的重要内容,也是体现形式美的重要因素,设计者都比较注重在标题上做文章,标题对作者阅读书籍的作用是不容忽视的,处理标题时要注意与正文用字的相对变化,使标题产生跳跃感,但又不能与正文脱节,字号大小、位置适当,各级标题的设计风格协调,对标题的装饰要恰到好处,讲究美感,不要画蛇添足。

图 8-2-8　《超好看》(楚婷、伊团)
自然无序的人像与大小相间的文字形成自由的跳跃感。

图 8-2-9　《中央美术学院附中 50 年作品经典》(吕敬人)
利用文字的耗散性将文字转化为自由的图形设计,所形成的视觉肌理既具有一定的可读性,也产生视觉的装饰性,发人深思。

书籍的正文设计虽然也包括版式设计，但主要还是要着力于文字的编排形式，书籍的正文设计的主要任务是方便读者，减少阅读的困难和疲劳，同时给读者以美的感受。

中国传统的书籍都是采用直排形式的，就是字序自上而下，行序自右向左。文字直排对于其他各部分的设计，都有密切的关系。在实际应用上，直排的形式存在许多缺点，例如在汉字中夹排外文、表格、阿拉伯数字时，容易造成格式不统一，给版式设计造成很多不便。自欧洲的书籍形式在 20 世纪传入中国以来，除古籍和少数书籍不宜横排以外，中国大多数书籍都已经采用横排，因为横排更适合于人类眼睛的生理构造，能减少目力的损耗。现代书籍正文版式的设计宗旨是在版面上将文字、插图、图形等视觉元素进行有机的排列组合，通过整体形成的视觉感染力与冲击力、次序感与节奏感，将理性思维个性化地表现出来，使其成为具有最大诉求效果的构成技术，最终以优秀的布局来实现美的设计。

第三节　版式设计的概念与风格

版式设计是设计艺术的重要组成部分，是视觉表现的重要手段，一般认为版式设计只是一种文字和图片编排艺术，其实它是一种技术与艺术的统一。就是在版面上，将有限的视觉元素如文字、图形等进行有机的排列组合，在传达信息的同时产生视觉上的美感。

一、版式设计的概念

版式设计是按照一定的视觉表达内容的需要和审美的规律，结合各种平面设计的具体特点，运用各种视觉要素和构成要素，将各种文字、图形及其他视觉形象加以组合编排，进行表现的一种视觉传达设计方法。版式设计在一种既定的开本上，把书稿的结构层次、文字、图形等作艺术而又科学的处理，使书籍内部的各个组成部分的结构形式，既能与书籍的开本、装订、封面等外部形式协调，又能给读者提供阅读上的方便和视觉享受，所以说版式设计是书籍设计的核心部分。

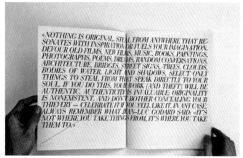

图 8-3-1 图形的跨版设计《哲学画册》(Rheannon Cummins)
版式设计使用了延续页面的整体设计，使画面相映成趣。

图 8-3-2 英文的跨版设计《吉姆·贾木琪的电影画册》
(Ramon Lenherr)
缩短英文单词间的常规字距和行距，使字母产生视觉肌理，
也是一种独特的版式设计。

二、版式设计风格

1. 古典版式设计

　　五百多年前，德国人谷登堡创新了欧洲书籍设计艺术，但至今仍处于主要地位的还是古典版式设计。这是一种以订口为轴心，左右页对称的形式。内文版式有严格的限定，字距、行距有统一的尺寸标准，天头、地脚、内外白边均按照一定的比例关系组成一个保护性的框子。文字油墨深浅和嵌入版心内图片的黑白关系都有严格的对应标准。

图 8-3-3 《白纸黑字》(梁毅君)
这是一本既运用传统版面形式，又作适度变化
的版面形式。

图 8-3-4 UPPERCASE 杂志(雅尼娜·范古尔)
利用色彩、装饰图形、插图等元素，作者将古典的
版面设计得相当活泼。

2. 自由版式设计

自由版式的雏形源于未来主义运动,大部分未来主义平面作品都是由未来主义的艺术家或者诗人创作,他们主张作品的语言不受任何限制而随意组合,版面及版面的内容都应该无拘无束,自由编排,其特点是利用文学作基本材料组成视觉结构,强调韵律和视觉效果。

自由版式设计同样必须遵循设计规律,同时又可以产生绘画般的效果。根据版面的需要,某些文字能够融入画面而不考虑它的可读性,同时又不削弱主题,重要的是按照不同的书籍内容赋予它合适的外观。

 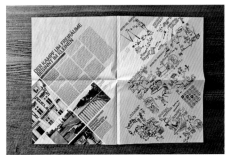

图 8-3-5　Metrogiprotrans 公司宣传手册(Sveta Sebyakina)
文字与图片的层叠带来空间的层次感显得版面深邃又严谨。

图 8-3-6　JKF 青年文化节手册(Andreas Hidber)
文字自由排列形成肌理,色调的区分突出了主题。

自由式版面编排缺少约束,反而很难把握,它要求设计者有丰富的编排经验,有敏锐的编排直觉,有较高的艺术修养,只有这样才能完全控制灵活的版面,才能在没有限制的空间自如地掌控版面,在不对称、不均衡、无秩序、无规律甚至混乱的版面中找到平衡点,使版面奇而不怪,新而不乱。

3. 网格版式设计

网格设计产生于 20 世纪初,完善于 20 世纪 50 年代的瑞士。其风格特点是运用数学的比例关系,通过严格的计算把版心划分为无数统一尺寸的网格,也就是把版心的高和宽分为一栏、二栏、三栏以及更多的栏,由此规定了一定的标准尺寸,运用这个标准尺寸的控制,安排文字和图片,使版面取得有节奏的组合,产生优美的韵律关系,未印刷部分成为被印刷部分的背景。

在网格系统编排法的训练中可适当打破网格,使原本相同的规矩格子,有大小及形状的变化,让版面不至于呆板枯燥。网格在版面中还分可见与不可见两种,可见的网格有装饰的作用,不可见的网格是版面的暗骨架。

图 8-3-7　《波士顿环球报》(Oikos Associati
设计公司)
突出对比性的版面安排使规矩的网格版面也变
得生动起来。

图 8-3-8　吉姆·贾木琪的电影项目画册(Ramon Lenherr)
灵活的网格形式,既保留了网格版式特有的秩序感,又相当自由。

　　网格是现代书籍设计中重要的基本构成元素之一,应用网格可以将书籍的版面构成元素——点、线、面协调一致地编排在版面上。网格即是安排均匀的水平和垂直的格状物,网格设计就是在版面上按照预先确定好的格子为图片和文字确定位置。

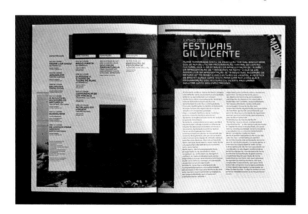

图 8-3-9　葡萄牙维森特剧院刊物设计(Atelier Martino)
利用网格设计的杂志版式

　　利用网格,设计师可以通过建立参数来定位文本和图像,这样书籍版式设计就会变得快速而灵活。正因如此,设计师能够确保所有根据网格编排的元素可以取得和谐的布局以及相应的连贯性和一致性,见图 8-3-10 所示。此图的左页,五个尺寸的小图排列在页面上端,它们的下部是一个大图,设计师在安排这些图像的时候,由于使用了网格,所以根本不用去计算每个图像间的距离。

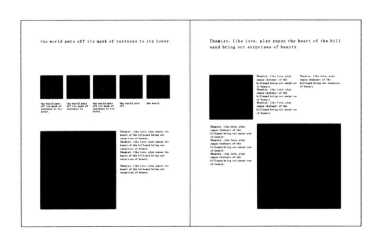

图 8-3-10　Capital 杂志模块网络分割

（1）对称式网格

对称式网格通常被用在书籍版面设计中,左、右两页的结构互为镜像,可分为对称式栏状网格和对称式单元格两种。

① 对称式栏状网格

其主要作用是组织信息及平衡版面,根据栏的位置和版式宽度,左、右页面的版式结构是完全相同的。"栏"指的是印刷文字、图片的区域,可以使文字、图片按照一种方式编排。栏的宽度可以使文字的编排更有秩序,更加严谨,同时它也有弊端,如字号变化不大,版面显得单调（见图 8-3-12 所示）。

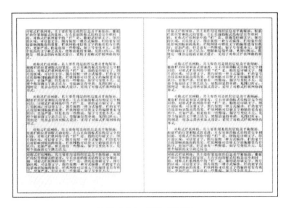

图 8-3-11　对称式网格

图 8-3-12　对称式栏状网格

对称式栏状网格分为通栏网格、双栏网格和多栏网格,这几种形式对书籍版面具有重要作用及影响。

A. 通栏

在对称式网格中通栏指文字或图片横跨在书籍的通页版面上(见图8-3-13所示)。

B.双栏

双栏式对称式网格,能够更好地平衡版面,使阅读更流畅,文字的编排密集而严谨,版面严肃,在杂志的版面设计中运用广泛(见图8-3-14、图8-3-15所示)。

C.多栏

多栏对称式网格适合编排一些表格形式的文字,例如联系方式、术语表、数据目录等,不太适合编排正文(见图8-3-16所示)。

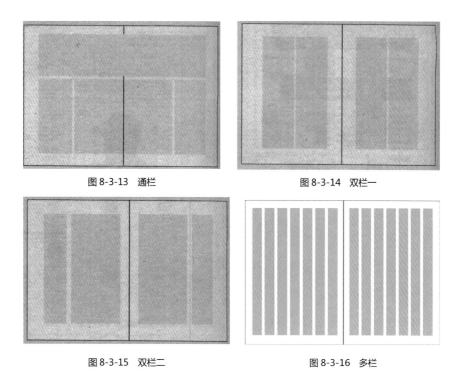

图8-3-13 通栏　　　　　　　　　　图8-3-14 双栏一

图8-3-15 双栏二　　　　　　　　　图8-3-16 多栏

② 对称式单元格

对称式单元格是指根据版式的需要将版面分成同等大小的单元格,具有很大的灵活性,可以随意编排文字和图片。在编排过程中,单元格之间的间距可以自由调整,每个单元格四周的空间距离必须相等。版式设计中单元格的划分,保证了页面的空间感与规律性,整个版面给人规则、整洁、有规律的视觉效果(如图 8-3-17 所示)。

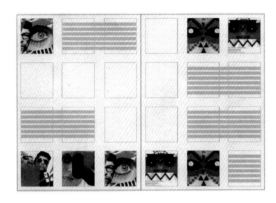

图 8-3-17　对称式单元格

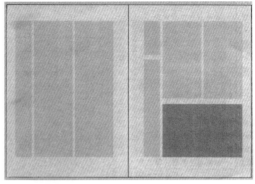

图 8-3-18　非对称栏状网格

（2）非对称式网格

非对称式网格结构在编排过程中,可以根据版面的需要,调整网格栏的大小比例,使整个版面更有生气、更加灵活。

非对称式网格主要有非对称栏状网格和非对称单元格网格两种。

① 非对称栏状网格

非对称栏状网格指在版式设计中,虽然左、右页面的网格栏数基本相同,但两个页面并不对称。栏状网格主要强调垂直对齐,这样的排版方式使版面文字显得更整齐,更有规律性。它相对于对称式栏状网格更具有灵活性,版面更加活跃。

图 8-3-18 是三栏网格版式,左、右页面采用了非对称的栏状网格结构,其中一栏相对较窄,使版面更具活跃性,打破了呆板的版面结构。

② 非对称单元格网格

非对称单元格网格在版式设计中属于比较简单的版面结构,也是比较基础的版式网格结构。有了单元格的划分,设计师可以根据版面的需要,将文字与图形编排在一个或几个单元格中,能使版面更加灵活,层次清晰,错落有致, 因此较多地应用在图片的排版上 (如图 8-3-19 所示)。

图 8-3-19　非对称单元格网格

（3）复合网格

复合网格结合了分栏和模块，为图像的位置布局提供了更大的灵活性和可行性，忽略掉小方块之间的空隙，它仍然可以用来限定文本栏（如图 8-3-20 所示）。

（4）基线网格

基线网格是不可见的，但却是版面设计的基础。基线网格提供了一种视觉参考，可以帮助版面元素按照要求准确对齐，这

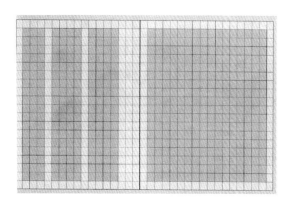

图 8-3-20　复合网格

种对齐的版面是凭感觉无法达到的，因此，基线网格构架了版面的基础，为编排版面提供了一个基准，有助于准确地编排版面。

图 8-3-21 中，基线是一些水平的直线，可以帮助编排图片和文字信息。基线网格的大小、宽度与文字的字号有密切的关系，如文字的字号为 10 磅，行距为 2 磅，就可以选择宽度为 12 磅的基线网格，版面中蓝色线代表网格的分栏，页面为白色底。

基线网格的间距可以根据字体的字号增大或减小，以满足不同字体的需要。图 8-3-22 中，基线的间距增加了，是为了方便更大的字体与行距相匹配。

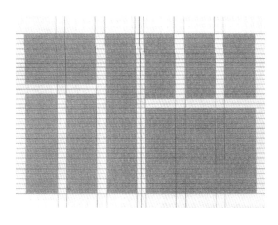

图 8-3-21　基线网格（1）

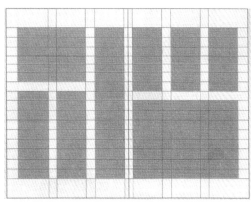

图 8-3-22　基线网格（2）

在图 8-3-23 中，左侧段落标题的字号为 24 磅，在一个基线网格中只排了一行字。中间段落的正文字号为 10 磅，行距为 2 磅。因此，在一个基线网格中可以排列两行文字。右侧段落

文字的字号为 7 磅,行距为 1 磅。根据上面的原理,可得出结论,此基线网格中可以排列三行文字。

图 8-3-23　基线网格(3)　　　　　　　　　　　图 8-3-24　基线网格(4)

　　基线网格具有交叉对齐的特征,即文字对齐同一网格,并且不同层级的文字之间相互关联。在交叉对齐时,虽然文字之间有间隔,但是不同字号的文字同样实现了对齐的效果,见图 8-3-24 所示,页面中采用了蓝色的网格线,它既是文字的编排线,也是文字的网格线。

　　(5) 成角网格

　　成角网格在版面设计中很难设置,因为网格可以设置成任何角度。由于成角网格是倾斜的,设计师在编排版面时,能够打破常规展现自己的创意风格。

　　在设置成角网格的角度时,要注意版面的阅读特征,一般情况下,设计师出于对页面构图、设计效率和连贯性的考虑,成角网格通常只用一个或两个角度,使版面结构与阅读习惯在最大程度上达到统一(如图 8-3-25 所示)。

图 8-3-25　成角网格(Andreas Hidber)

　　图 8-3-26 为 45° 角，成 45° 角的网格可使页面内容清晰，以均衡的方式向两个方向排列。注意，向上倾斜的文字比向下倾斜的文字更易于阅读。

　　图 8-3-27 为 30° / 60° 角，由于倾斜的板块与基线成 30° / 60° 角，这个网格便使文本有四个排列方向。在同一个设计中，出现若干个不同方向的文本可能会对易读性造成冲击，甚至可能对内容的连贯性造成影响。由于读者习惯的是水平方向的文本，与之相去甚远的成 60° 角的文本便会显得极难阅读。

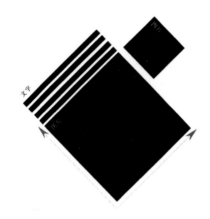 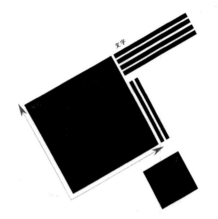

图 8-3-26　45°成角网格　　　　　　　　　　　图 8-3-27　30°/60°成角网格

　　从这两张图我们可以看出，在设置成角版面时，其倾斜角度与文字方向，应充分考虑人们的阅读习惯。一个优秀的版面设计除了要具有信息传达的功能性的同时，还要注意版面的统一。下面我们来看图 8-3-28 和图 8-3-29 两幅图的版面设计。

　　图 8-3-28 是一个杂志版面设计，该杂志版面同样采用了单元格网格，图片协调地编排在单元格内，形成稳定、和谐的版面形式，单元格网格具有很强的灵活性，在编排图片时可以自由发挥，引导设计师将版面元素合理地编排在版面中，整个版面整洁灵活，内容丰富，层次清晰。

　　图 8-3-29 是一个画册版面设计，该版面采用了成角网格的形式。由于此版面以图片为主，采用成角网格可以增强版面的活跃率，使整体版面看起来活泼、有动感，避免单纯对齐所呈现的呆板效果，此外，这种结构形式也体现出了该内页版面的内容需要，切合其有个性、时尚、动感的主题，充分展现了设计师的创意风格。

图 8-3-28 单元格网格的杂志内页版面设计

图 8-3-29 JKF 青年文化节手册(Andreas Hidber)

第四节 正文的版式设计

文字、图形、色彩在正文版式设计中是三个密切相联的表现要素,就视觉语言的表现风格而言,在一本书中要做到三者相互协调统一。书籍本身有许多种形式,在版式设计上要求各异。

一、文字的版式编排

书的主体是正文,全部版面都必须以正文为基础进行设计。一般正文都比较简单朴素,主体性往往被忽略,常需用书眉和标题引起注意,然后通过前文、小标题将视线引入正文。在编排文字时要注意的问题很多,如文字的类型、特点、对齐方式等。

1. 文字类型及特点

从文字的类型上看,我们可粗略分为中文、英文与数字三类。

（1）中文

中文在版面中主要以字块的形式出现,具有字体的轮廓性。每个字占的字符空间都一样,非常规整,排版时不如英文灵活,各种限制都很严格,很难出现错落的现象,比如:中文每段开头都要空两格;标点不能落在行首;标点占用一个完整的字符空间;竖排时必须从右到左,横排时必须从左到右。这些规则都给汉字的编排增加了难度。

（2）英文

在书籍的版面设计中，英文以流线型的方式存在，能很好地调整画面，使画面更加生动，视觉上更加流畅。英文可以在版面上以曲线的形式出现，也可以直线的形式出现，英文文字篇幅比相同内容的中文文字篇幅要多。此外，英文更容易将单词看成是一个整体，而且英文每个单词的字母大都不一样，在版式上会出现不规则的错落现象，使画面更加生动。

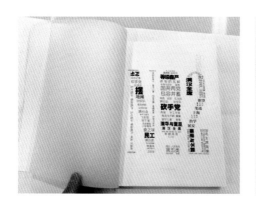

图 8-4-1 中文字的编排《白纸黑字》（梁毅君）
将书籍中的关键词编排成字母和数字，关键在于把握好文字的字号变化和字距、行距的变化。

图 8-4-2 英文的编排 Universo de emociones（Palaugea）
英文全部采用左对齐的方式编排，使处于无序状态的段落仍然遵循一定的规律性。

（3）数字

数字有古老式风格和平行式风格两类。平行式风格的数字依照基线对齐，其磅值都是相同的，而古老式风格数字的磅值与平行式风格数字的磅值不同，这也意味着它比较难阅读（见图 8-4-3 所示）。

数字的设计是需要仔细考究的，它需要设计师对设计意图有清楚的了解，下面两个例子是常用的两种设计方式。

① 右对齐

如数字的小数点后尾数相同，数字将会右对齐排列，而一些附加符号如星标、箭号等会使数字左移。对于整个数字列的整齐排列，右对齐起着非常重要的作用。

② 小数点对齐

数字列与数字列之间是不规则的，这一点是不可避免的，但通过对其他符号和小数点对齐可以弥补这一缺点，让所有数字都垂直对齐，多出的符号向右突出（见图 8-4-4 所示）。

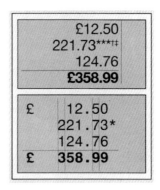

图 8-4-3 图 8-4-4

2. 文字磅值、字体、字距、行距和段距的设置

文字最主要也是最基本的作用就是传播信息,文字编排应服从表达主题的要求,符合人们的阅读习惯。因此掌握文字的磅值、字体、字距、行距和段距等是非常重要的。

(1)文字磅值

书籍正文用字的大小直接影响到版心的容字量。在字数不变时,字号的大小和页数的多少成正比。一些篇幅很长的廉价书或字典等工具书可用较小的字体。相反,一些篇幅较短的书如诗集等可用大一些的字体。一般书籍排印所使用的字体,9P～11P 的字体对成年人连续阅读最为适宜。8P 字体使眼睛过早疲劳。但若用 12P 或更大的字号,按正常阅读距离,在一定视点下,能见到的字又较少。大量阅读小于 9P 的字体会损伤眼睛,应避免用小号字排印长的文稿。儿童读物须用 36P 字体。小学生随着年龄的增长,课本所用字体逐渐由 16P 变为 14P 或12P。老年人的视力比较差,为了保护眼睛,也应使用较大的字体。

(2)字体

字体是书籍设计最基本的因素,它的任务是使文稿能够阅读,字形在阅读时往往不被注意,但它的美感不仅存在于字里行间,还会产生直接的心理反应。因此,当版式的基本格式定下来以后,就必须确定字体和字号。常用设计字体有宋体、仿宋体、楷体、黑体、圆体、隶书、魏碑体、综艺体等。

也有一些字体电脑字库里是没有的,需要直接借助电脑软件创制,还有些字体,需要靠手绘创制出基本字形后,再通过扫描仪扫描在电脑软件中加工。每本书不一定限用一种字体,但原则上以一种字体为主,他种字体为辅。在同一版面上通常只用两至三种字体,过多了就会使读者视觉感到杂乱,妨碍视力集中。

（3）字距、行距和段距

字距指一行中字与字之间的空白距离，行距指两行文字之间的空白距离。一般图书的字距大都为所用正文字的五分之一宽度，行距大都为所用正文字的二分之一高度，即占半个字空位。但无论何种书，行距都要大于字距。

在阅读过程中，不同的行距给人的视觉感受也不同，正常的行距给人感觉最舒服，紧凑的行距会带给人饱满、丰富、密不透气的感觉，而宽松的行距则会让人感觉轻松、随意（见图8-4-5、图8-4-6、图8-4-7所示）。

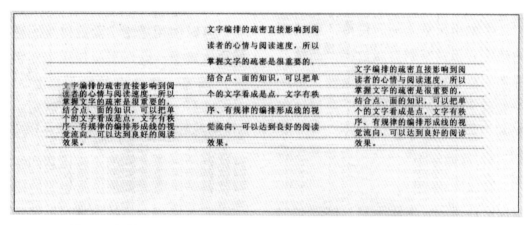

图 8-4-5　紧凑行距　　　　　图 8-4-6　宽松行距　　　　　图 8-4-7　正常行距

图 8-4-8　杂志 Strassenfeger(Rene Biede)
版面文字编排根据内容的不同有多种字号、间距和行距上的变化，对比分明，风格独特。

图 8-4-9　Objekt Magazine 杂志(Kristophe)

段距是指段落与段落之间的距离，设置行距和段距不仅可以方便阅读，而且可以表现设计师的设计风格。

文字编排的疏密会直接影响读者的心情和阅读速度，所以控制文字的疏密程度很重要。结合点、线、面的知识，把单个文字看成是点，使文字有秩序、有规律地形成线性的视觉流向，可以达到良好的视觉效果。

（4）文字对齐方式

文字的对齐方式同样影响阅读效果，如果注重文字的规整程度，可以把文字安排成线条或面的形态，让文字成为版面设计的一部分，使整个版面元素融洽统一。文字的对齐方式有很多，在文字、图片共存的版面中，其对齐方式取决于跟图片的关系。要使文字和图片达到互相融洽的效果，信息才能得到有效传达。而在纯文字版面中，则要视情况而定，例如可以通过调整行距或段距来避免由于文字较多而出现阅读疲劳。文字的对齐方式分为以下几种：

① 左右对齐——将文字从左端至右端的长度固定，使文字群体的两端整齐美观（见图8-4-10）；

② 齐中——将文字各行的中央对齐，组成平衡对称美观的文字群体（见图8-4-11）；

③ 行首取齐，行尾顺其自然——将文字行首取齐，行尾则顺其自然或根据单字情况另起一行（见图8-4-12、图8-4-13）；

④ 行尾取齐——固定尾字，找出字头的位置，以确定起点，这种排列奇特、大胆、生动（见图8-4-14、图8-4-15）。

 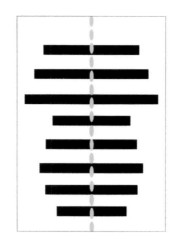 

图8-4-10　左右对齐图　　　　　图8-4-11　齐中　　　　　图8-4-12　行首取齐

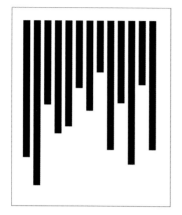

图 8-4-13 行首取齐(1)

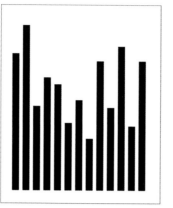

图 8-4-14 行尾取齐(2)

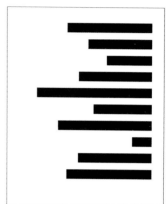

图 8-4-15 行尾取齐(3)

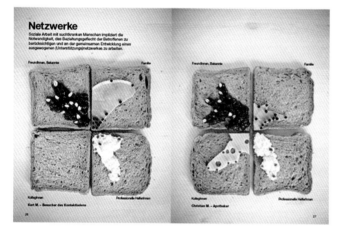

图 8-4-16 Caritas Kontaktladen 年度报告手册(Moodley)
用立体摄影与文字进行编排,让平面的二维空间产生三维效果。

图 8-4-17 《意匠文字》(王序)
文字与图形的串合,使封面的书名既生动有趣,又一目了然。

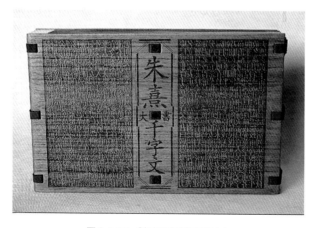

图 8-4-18 《朱熹千字文》(吕敬人)
文字的功能不单是信息的传递,还具有装饰作用。

图 8-4-19 Metrogiprotrans 公司宣传手册
(Sveta Sebyakina)

3. 文字层级关系

文字的层级关系与人们的视觉流程有关,通过文字字号大小的编排,可以很自然地影响人们阅读的先后顺序。在书籍设计中各段和各层面、标题与副标题、标题与段落、标题与注释、段落与段落以及文字与图片等都有这样的层级关系。

文字的层级是书籍逻辑性的体现,它通过字体的磅值和字体风格来区分和体现文字的重要性。如果文字层级的应用过于复杂,容易导致读者混淆文字内容,也会减弱和谐的视觉效果。

在文字的层级关系中,标题通常设置为最大字号,其字型也最夸张,以强调其重要性;副标题相应减少一定磅值,在保持醒目的同时,以示其相对于主标题的次要地位;正文可以减小字号,但应与副标题保持相同的磅值;最后,说明性文字可以使用那些在页面上不怎么突出的斜体字。

图 8-4-20　文字层级关系　　　　　　　　　图 8-4-21　标题文字的层级关系《飞行科学书籍》
　　　　　　　　　　　　　　　　　　　　　　（哈德·拉哈姆）

设置文字层级的关键在于理解不同段落文字所表达的信息,并不是所有版面都需要复杂的层次体系。如果一种磅值就可以达到目的,就没有必要使用两种。如果文字包含不同的信息,那么可以使用另一种磅值、字体、色彩或其他手段（如缩进）来加以表达,所有这些元素的设置都必须出于传达版面文字信息的需要。

二、图形的版式编排

图形先于文字,文字源于图形,二者相汇相融,才能构成书籍。图形来源于人们对事物的认识,能让人们联想到事物的各种特性,具有信息传达的直接性,能给人留下深刻印象。从视觉角度看,图形更容易吸引人们的注意,其接受程度广泛,传递信息方便,是一种更直接、更形象、更快速的传递方式，也是现代社会传递信息的主要表现形式。因此，学习图形的编排是很重要的。下面我们来了解一下图形以及图形在书籍版式设计中的具体应用。

1. 图形的基础知识

图形的范畴很广，它包含了各种各样的视觉符号，无论是技术的、艺术的、平面的、三维的，还是传统的、现代的，都可以称为图形。不同颜色的点一行行、一列列整齐地排列起来，就形成了图形。

图 8-4-22　位图　　　　　　　　　　　　　图 8-4-23　位图放大

（1）位图与矢量图

位图，也叫点阵图，像素图，构成位图的最小单位是像素，位图就是通过像素阵列来实现其显示效果的。每个像素都有自己的颜色信息，在对位图图像进行编辑操作的时候，操作对象是每个像素，我们可以通过改变图像的色相、饱和度、明度，从而改变图像的显示效果。缩放位图会引起失真。举例来说，位图就好像是由无数单色的马赛克构成的画。远看时，画面细腻多彩，近看时就能看到组成画面的每粒马赛克以及每粒马赛克单纯的不可变化的颜色，如图8-4-22、8-4-23 所示。

矢量图，也叫向量图，是一种缩放不失真的图像格式。矢量图是由多个对象组合生成的，其中每一个对象的记录方式都是以数学函数来实现的，也就是说，矢量图实际上并不是像位图那样记录画面上每一点的信息，而是记录元素形状和颜色的算法。当你打开一幅矢量图时，软件对图像对应的函数进行运算，并将运算结果显示出来。无论显示画面是大还是小，画面对象对应的算法是不变的，所以，即使对画面进行了高倍缩放，其显示效果也仍然不会失真。

所有排版用图在正式排版前先要进行的一道工序是转换颜色模式，只有转为 CMYK 模式才符合四色印刷的需要。这一工序适用于除电子书外的所有纸质类书籍。此外还有一点需要注意的是,有时排版需要使用去底图片,可在 PHOTOSHOP 软件中对图片背景做透明处理,存储为 PSD 格式后,图片就变为分层图,再调入排版软件中即为去底图,如果存成 TIF 格式,调入排版软件中就是白底图。

（2）单色调图像

经过单色调处理的图像与黑白图像非常相似,画面色彩一般表现为单色。不同的是在这种图像中白色调被其他颜色代替,从而引起整幅图像色调的改变,如图 8-4-24 所示。

（3）多色调图像

在理解了单色调图像的基础上,我们不难发现,多色调图像如双色调图像等就是由多种色墨调和而成的,如图 8-4-25 所示。

图 8-4-24　单色调图像

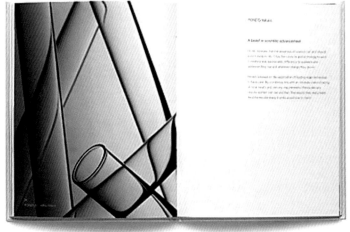

图 8-4-25　多色调图像

2. 图形的比例和分布

图形在书籍版式设计中占有重要的地位,因为图形能够直观、准确地传达信息,表现设计主题。通过对图形的比例和分布进行设计,可以使画面具有视觉的起伏感和极强的视觉冲击力,吸引读者的注意或带来感官上的舒适,进而更好地传达信息。

图形的比例和分布影响着整个画面的跳跃率。所谓跳跃率就是画面中面积最大的图形与面积最小的图形的比例。图形之间的比例关系不仅在于图形本身的大小,还包括图形所含信息量的大小。比例越小越显得画面稳定、安静,比例越大则表现出强烈的视觉冲击效果。设计师在版面中编排图片时,应该注意图片与图片的关系,图片的编排影响着版面的视觉效果,有些图片由于在版面中分布得过于杂乱,会使版面显得杂乱无主体。统一版面分布,可以使版面显得整齐稳重。

3. 图形形状的应用

在书籍的版面设计中,图形的不同形状可以改变整个画面的节奏与情感。图形可以是规则的方形,也可以是自由形,应根据版面的需要决定图形的形状。方形图形能使画面更稳定,一般用于网格式版面,可增强画面的理性感觉。自由形可以是任何形状,比如圆形、动物的外形、抽象形态等。自由形能够表现出一种活跃的画面氛围。

图 8-4-26　杂志版式设计(Caitlin Workman)

图 8-4-27　Caritas Kontaktladen 年度报告手册(Moodley)

在版式设计中,还应注意文字与图形的关系。对于方形图来说,文字编排与图形保持一定距离,可使版面显得整齐有序,而编排自由形图形时,如果也采用方形图形的编排方法,就会显得版面拥挤。

图 8-4-28　Julian Restaurant 餐馆视觉设计(Nathaniel Cooper)

三、图文结合的版式编排

图文配合的版式千变万化,但有一点要注意,即先见文后见图,图必须紧密配合文。

图 8-4-29 《梅兰芳全传》(吕敬人)
用文字围绕图形轮廓的方式编排是图文配合的一种比较常见的方法。

图 8-4-30 未来艺术教育讲座海报(Tang Shipeng)
将文字笔划加以图形化处理,呈现未来化风格,需要读者去揣摩。

图 8-4-31 《朱熹千字文》(吕敬人)
将文字笔划放大之后,有图形的感觉。

1. 以图为主的版式

儿童书籍以插图为主,文字只占版面的很少部分,有的甚至没有文字,除插图形象的统一外,版式设计时应注意整个书籍视觉上的节奏,把握整体关系。图片为主的版式还有画册、画报和摄影集等。这类书籍版面率比较低,在设计骨架时要考虑好编排的几种变化。有些图片旁需要少量的文字,在编排上与图片在色调上要拉开,形成不同的节奏,同时还要考虑与图片的统一性。

图 8-4-32 《蚁呓》(朱赢椿)
将图形作跨版出血设计,版面的美感取决于图的美感。

图 8-4-33 《香蕉哲学》(周瑜、杨帆)
展开页中,方形文字块穿插在处理过的图片中,与右边的文字形成呼应,使文字显得不突兀。

2. 以文字为主的版式

一般以文字为主的书籍,也有少量的图片,在设计时要考虑书籍内容的差别。在设计骨架时,一般采用通栏或双栏的形式,较灵活地处理图片与文字的关系。

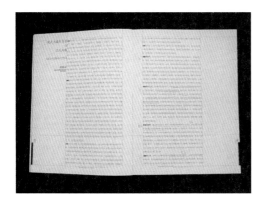 

图 8-4-34　通栏的杂志版式《吕敬人书籍设计》(吕敬人)　　　　图 8-4-35　葡萄牙维森特剧院刊物设计(Atelier Martino)
通栏必须将文字每一行的字数控制在恰当的范围内,否则会　　　　　　正文中的文字串合主要是指字体、字号、字距等的编排。
影响阅读的效率。

图 8-4-36　《吕敬人书籍设计》(吕敬人)
齐头齐尾的串合,使版面干净利落,也便于阅读,是常用的文字编排法。

3. 图文并重的版式

一般文艺类、经济类、科技类等书籍,采用图文并重的版式。可根据书的性质以及图片面积的大小进行文字编排,可采用均衡、对称等构图形式。

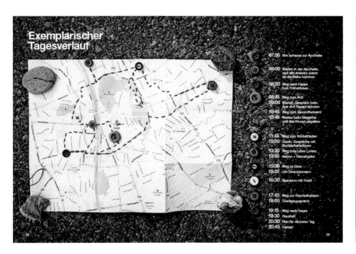

图 8-4-37　Caritas Kontaktladen 年度报告手册(Moodley)
一本完美的旅游图册，有不尽的搜索和导向，清楚的导示分布图，地方明确，构图详细，让人有不尽的旅游兴趣。

图 8-4-38　Love 时尚杂志封面(Hattie Stewart)
文图叠置的两种效果，杂音和模糊的韵味，或多或少都使版面多了一份神秘感。

图 8-4-39　《超好看》(楚婷、伊团)
将文字段落放在圆形的图块上，活跃了文字区域，和图片区域的数条背景产生呼应。

图 8-4-40　《黄河十四走》(蒋艳)
中性黑色和红色形成强烈的色性差异，这种强对比的装饰性色彩用在关于民俗的出版物封面中，能较恰当地表现出版物的特点。

图 8-4-41　《芭莎艺术》(徐洋)
黑白的世界，同样具有很强的个性特征，能将无彩的色调表现得个性十足。

　　现代书籍的版式设计在图文处理和编排方面，大量运用电脑软件来进行综合处理，带来许多便利，也出现了更多新的表现语言，极大地促进了版式设计的发展。

▦‖ 第五节　插图设计

　　插图是书籍艺术中的一个重要部分,相对来说,在书籍的各个部分中,插图无疑是最有魅力的,也最能把书籍内容表现为可见的艺术形象。表现形式可以采用自由表现手法或写实手法等,可对人物、风景、动植物等素材进行超越主题本身的表现。自由手法的表现效果取决于造型的独特与趣味性,可从笔触和形态方面进行考量。必要时也可对画面进行大幅度的省略和简化,表现出主题的特征。写实手法则重视对素材细微的变形和构图上的考虑,形成一个富有感染力的微妙世界。

一、插图的特点和任务

1. 插图的特点

　　(1)从属性。插图的主题思想是由文字的内容所决定的,它是一种从属于文字的造型艺术。插图必须正确和深刻地反映作品的思想内容,与原作中描写的环境、人物、时间、地点等吻合,否则就谈不上与作品相配合,也就不称其为插图。

　　(2)独立性。文学是语言艺术,它以文字为表达手段;造型艺术是视觉的艺术,它以形象为表达手段。它们各具特色,但也都有局限性。插图是二者的结合体。好的插图不需要加标题说明,也不需要在书中进行过多描述,但读者看后能着重体会内容,唤起丰富的想象和再创造。

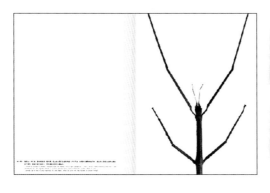
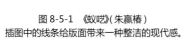

图 8-5-1　《蚁吃》(朱赢椿)
插图中的线条给版面带来一种整洁的现代感。

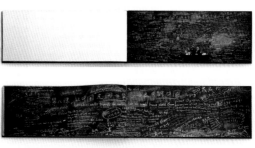

图 8-5-2　Underbau 作品(西班牙)/视觉同盟网
手写体的文字组合,背景与主体大小的悬殊都体现了一种理不清
头绪的纷乱复杂。

2. 插图的任务

（1）用艺术形象再现作品内容。

（2）帮助读者深化对作品的理解，加强艺术感染力。

（3）美化书籍的装饰作用。

二、插图的分类

1. 艺术插图（文学插图）

可分为小说类插图、散文诗歌类插图、寓言插图等几个类别。以文学作品为前提，选择书中有意义的人物、环境，用构图、线条、色彩等视觉因素去完成形象的描绘，它具有与文字相呼应的欣赏价值，可增加读者的阅读兴趣，使可读性和可视性合二为一，加强文学书籍的艺术感染力，给读者以美的享受，对书中精彩的描述留下深刻形象的印象。

2. 技术插图（科技插图）

这类插图是某些学科图书必不可少的重要组成部分。如天文、地理、医学等学科的书籍有许多内容仅靠文字很难说清楚，是语言所不能表述的，这时插图就可以补充文字难以表达的内容。它的形象性语言应准确、实际，一些深奥的概念借此得到形象化的解释，使读者能够轻松、愉快地加深理解。

图 8-5-3 《梅兰芳（藏）戏曲史料图画集》（张志伟）
工笔画表现的人物画面，错落的构图，使画面呈现一种素净的民族味。

三、插图的样式

1. 独幅插图

独幅插图,即展开书籍时一面为文字,另一面为插图。这种版式设计的关键在于文字所形成的虚面与插图形成的实面之间的均衡关系,因文字版是按版心统一编排的,所以插图的大小及所在位置均以版心来定,以视觉舒适,空间搭配合理为佳。

2. 文中插图

图、文相互穿插,形成一个整体的版面。这类版式除了文字部分要受到版心外框限制外,还受到插图轮廓的影响。字句要依轮廓形成长短不一的排列,是适形造型的一种版面风格。这时的插图已融入版面之中。这种版面的编排活泼、趣味性强,图文相互依存。但要注意的是图文搭配不当将会给读者的视觉造成一种混乱感,影响前后文字的连贯。

 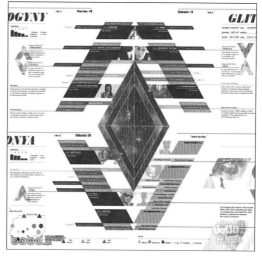

图 8-5-4　《浮世绘》(吕敬人)
将多个生动的彩色插画和文字编排在一起,插图和文字相辅相成,让人们能更好地阅读和理解。

图 8-5-5　GLOW 音乐节宣传手册(Patricio Murphy)
图表式的技术性插图具有较强的图解功能,能够简洁明了地交待事物之间的关系以及发展变化。

3. 固定位置放图

固定位置放图,即图的比例、大小、尺寸、位置相同,它往往存在于中国古代书籍版式设计中,如上图下文,有点近似现代的连环画,可同版雕刻印刷,同色同版,统一协调,天然合一,风格一致。

▊▊ 第六节　案例赏析

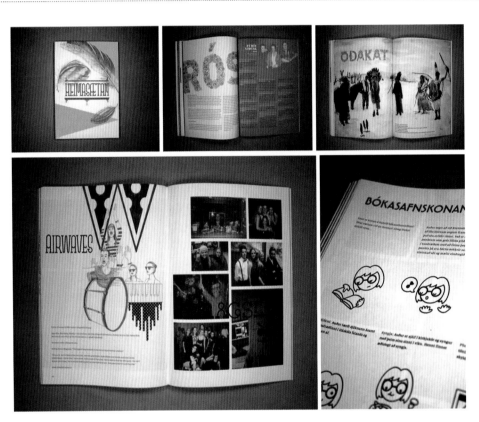

图 8-6-1　《书籍设计》(þorleifur Gunnar Gíslason)
封面通过描写素材形体的趣味感，形成独特的表现效果。内页中漫画式的插图和照片组合在一起，使版面产生了生动的效果。

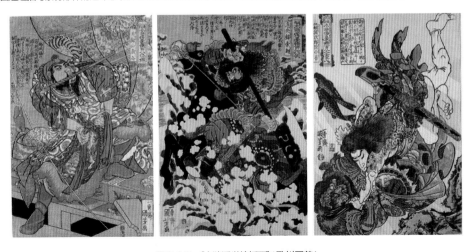

图 8-6-2　《水浒浮世绘插画》(歌川国芳)
细腻和夸张的表现手法是其最大的特色。

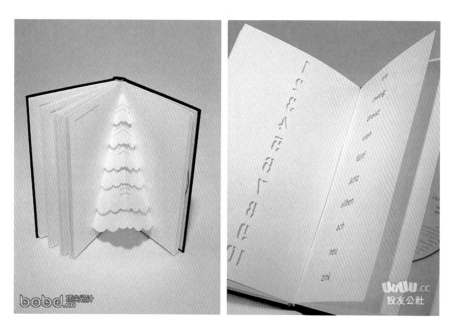

图 8-6-3　Lau tSprecher 音箱品牌画册(安娜·施莱克)
页面作镂空处理，位置正好对应下页的图形，正面的文字与镂空处的图形组合成新的造型，点明主题。

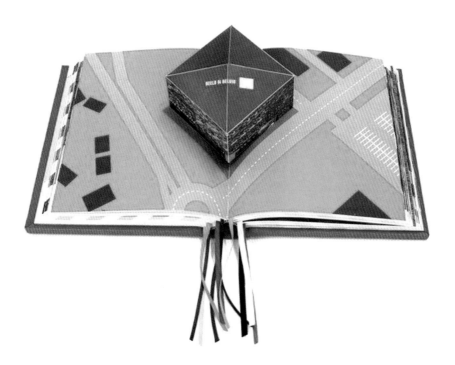

图 8-6-4　大卫鲍伊卸任纪念版刊物
立体化插图设计是将型录设计中的三维折纸形式运用到书籍插图设计中，打破二维平面设计的沉闷、呆板，使书籍内容中的主题形象跃然纸上。

课题训练一

1. 课题内容:根据所学的书籍版面网格设计知识,在充分掌握各种网格类型及特点的基础上,设计几张杂志内页。

2.训练目的:运用书籍版面网格设计的基本知识,将网格的各种类型运用到实际的杂志版面设计中。

3.课题要求:要求封面整洁、大方,突出各种网格类型的特点,在设计过程中,注意运用网格自身不同的特点完美搭配,使版面呈现出各种不同的视觉效果。挖掘网格的空间,运用各种各样的编排结构。将网格设计的主要特征最大限度地发挥出来,保证版面的统一性。将图片、文字等视觉元素精确地编排在网格中。

4.完成时间:8 学时。

5. 产生结果:利用 PHOTOSHOP、CORELDRAW 等软件进行设计,设计出来的作业进行激光彩色打印并装订。

课题训练二

1.课题内容:通过对成角网格版面的学习,设计一张成角网格的封面。

2.训练目的:运用成角网格的基本知识,充分研究并掌握版面结构与阅读习惯的协调关系,打破常规,充分发挥想象思维,设计一张特色鲜明的成角网格封面。

3.课题要求:版面设计富有秩序感或动感,突出成角网格类型的特点。在设计过程中,注意运用成角网格的特点,将文字、图片完美搭配,形成良好的视觉流程,使版面呈现出独特的视觉效果。

课题训练三

1.课题内容:选择一主题进行概念书的装帧设计,包括正文设计。以书籍的整体结构形态元素为基础,选择某些元素来设计,所有元素不需要全部具有。

2.训练目的:运用正文版式设计的基本知识,要求学生充分研究并掌握版面结构与阅读习惯的协调关系,打破常规,充分发挥想象。

3.课题要求：可用普通纸张以外的材料(特种纸、布、皮、金属、塑料、木板、玻璃、自然材料等)表现。

4.产生结果：用平面软件设计和手绘、粘贴等形式结合装订完成(7页以上)，另附设计说明(500字左右)。

5.完成时间：12学时。

建议活动

1.走访新华书店，欣赏所售图书的装帧设计，并进行拍照和收集。

2.参观当地的出版社，了解书籍的设计和排版。

3.参观当地的印刷厂，了解书籍的制版和印刷过程，了解所用印刷纸张和机器以及印刷工艺流程。

4.阅读各种时尚杂志、报刊、书籍，鉴赏其正文的版面设计。

第九章
书籍的材料与工艺

课程概述

本章主要介绍书籍成型所涉及的环节和技术，重点讲解了书籍材料的分类、特点及书籍制作工艺，如印刷工艺、装订工艺和后期工艺等。

教学目的

通过本章的学习，学生应能较好区分和选择书籍材料，在书籍制作工艺中，能把握印刷工艺和装订工艺的各自特点和方法，对后期工艺有完整的认识，并能将本章知识运用到实际书籍设计中。

章节重点

书籍的材料和各种印刷工艺、装订工艺和后期工艺的特点。

参考课时

6 学时

阅读书籍链接

1.《印刷工艺》，张兰，浙江摄影出版社，2007年。

2.《书籍成型技术与工艺》，许兵，浙江摄影出版社，2007 年。

3.《书籍设计》，安德鲁·哈斯拉姆(著)，钟晓楠(译)，中国青年出版社，2007 年。

网络学习链接

网站：http://www.cgan.net/

搜索关键词：纸张 装帧 印刷工艺 当代书籍设计 概念书

第一节 书籍的材料

书籍是实体化的,是可以触摸和翻阅的。它需要一种材料,既能记载图文信息,又能塑造立体造型。在书籍的发展过程中,纸张由于价格低廉、印刷效果好和工艺适应性强等优点,一直是书籍材料的最佳选择。还有一类,也就是常说的特殊材料,包括金属、塑料等,由于现代书籍设计风格的多样性,也同样受到欢迎。

一、纸张的种类

自从造纸术发明以来,随着科技的不断进步,纸张的种类越来越多,现有的纸张种类有薄纸、模造纸、卡纸、铜版纸、艺术纸和特种纸等。以下是这些纸张的特点和基本用途。

1. 薄纸

薄纸是指打印纸、拷贝纸、字典纸、新闻纸等纸质较薄的纸张。薄纸纸质白,韧性好,透明度底,是印刷文字信息量较大的书籍的上好选择,例如字典、地方志等资料性书籍。

2. 模造纸

模造纸是具有较好白度,同时吸墨性强、印刷效果清晰的纸张。现今的高级书写纸、双面胶版纸、绘图纸等都是模造纸。模造纸自身还分有色模造纸和压纹模造纸。高级书写纸和双面胶版纸常见于印刷书籍的正文部分,而压纹纸则用于环衬、扉页等。

图 9-1-1 常用汉语字典

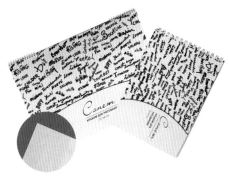

图 9-1-2 高档绘画册

3. 卡纸

卡纸可以分为双面雪白卡、单面灰背卡、玻璃卡、铜版卡等,是属于厚纸类的品种。其特点是承印性好,适用于封套盒、内衬页等。

4. 铜版纸

铜版纸可以分为单面铜版、双面铜版、亚粉铜版、压纹铜版等。铜版纸因涂面压光,表面光洁,承印适应性好,主要用于印刷高级的彩色书籍和画册等以图片为主的书籍。

图 9-1-3 卡纸名片

图 9-1-4 高档杂志

5. 艺术纸

艺术纸作为一个新品种,优势在于品种丰富,适用于封套、封面、环衬、扉页、书签等。其最大的特点在于纸张表面的多样性,有平面、滑面、压纹、肌理和仿各式纹理。

6. 特种纸

特种纸即特种加工纸,包括宣纸、铝箔纸、全息(镭射)纸、电化铝纸等。特种纸的使用通常需要与特种印刷工艺相结合,例如烫金、镭射等印刷,都要用热压工艺完成。此种纸类不适合在书籍设计中大范围应用。

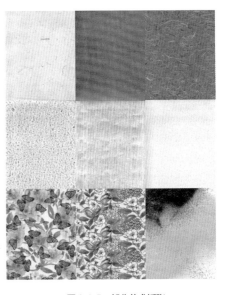

图 9-1-5 部分艺术纸张

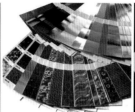

图 9-1-6 各类特种纸

二、特殊材料

在书籍设计中,除纸张外,其他能够承印图文内容的材料都是特殊材料。特殊材料的使用极大地丰富了书籍设计的类型。在具体使用中,由于每种特殊材料都有它自身的物理性质,不一样的材料在效果上可能是千差万别的。因此,在具体的设计项目中对特殊材料的选择一定要慎重。下面我们就特殊材料的物理属性进行一个大致的分类。

1. 纤维类

纤维类是指质地单一的纤维材料,如棉、绢、丝绒和麻等,它们的特点是表面纹理丰富、自然环保,有较强的亲和力,适用于具有文化气息的书籍的书封和插页。

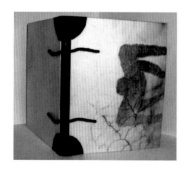

图 9-1-7 丝绒材质　　　　　　图 9-1-8 麻料材质　　　　　　图 9-1-9 绸缎材质

2. 复合类

复合类主要是通过工业原料生产的仿皮革、自然纹理和木质等材料。此种材料品种丰富、可塑性强、纹理逼真、手感好,非常适合做精装书籍的封面或函套。

图 9-1-10　仿皮纹

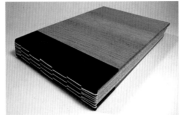

图 9-1-11　仿木纹

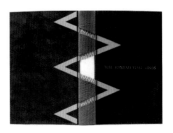

图 9-1-12　仿大理石纹

3. 其他

主要包括有机玻璃、塑料、碳素、金属等现代工业材料。常见于精装书和概念书，形式多样，有很强的表现力，是现在较为新潮的书籍材料。

图 9-1-13　玻璃封面

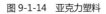

图 9-1-14　亚克力塑料

图 9-1-15　金属材质

▊▋ 第二节 书籍的印刷

印刷是将图文信息转移复制到纸张等承印物上的技术工艺。书籍要实现图文的表达就必须通过印刷这个环节。而印刷工艺,已从最早的雕版工艺发展到当今的数字化印刷。科学技术的进步,使得印刷的质量和速度都得到极大的提升。做为设计师,需要了解各种印刷工艺,将自己的书籍设计与印刷工艺有机地结合起来。这样,才能更好地完善自己的设计理念,创作更精美的书籍。这里要给大家介绍五种印刷工艺,分别是:凸版印刷、凹版印刷、平版印刷、丝网印刷和数字印刷。

一、凸版印刷

凸版印刷是历史较为悠久的印刷方式,是由雕版印刷和活字印刷发展变化而来,属于直接压印的印刷方法。它的原理与日常生活中的图章刻印相似,即印版的图文部分高于空白部分,印刷时,凸起的图文部分接受油墨,而空白部分由于低于图文部分,无法接触油墨,当印版接触承印物时,在一定压力下,图文部分与承印物接触,油墨则自然地转印到承印物上,由此得到图文部分的印迹。此种印刷方法在过去一段时期是书籍等印刷品的主要印刷方式,但凸版印刷由于采用活字印刷文字,其费工费时、印刷效果不佳且容易出错,所以现在基本看不到它的身影了。近年,也有设计师独辟蹊径,利用凸版印刷会给承印物造成不尽相同的印迹这一特点,创作出具有独特面貌的设计作品。

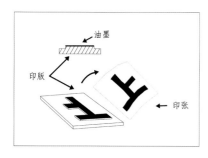

图 9-2-1 凸版印刷图解

图 9-2-2 Sakuan Izumi

图 9-2-3 Nihon Buyo (Ikko Tanaka)

二、凹版印刷

凹版印刷也是通过印版与承印物直接接触后完成图文转移复制的。它与凸版印刷有异曲同工之处，主要区别在于，凹版印刷中印版的图文部分是凹陷的，空白部分则高于图文部分。印刷时，先使整个印版覆盖油墨，再刮去非图文部分的油墨，最后通过较大的压力把图文部分的油墨转印到承印物上。凹版印刷印迹表现力强，墨色稳定，不易被仿冒，但工艺较繁杂，且周期长、费用高。凹版印刷常见于高档书籍、挂历等。

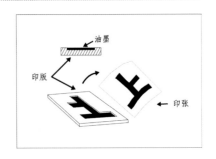

图 9-2-4 凹版印刷图解

三、平版印刷

平版印刷是指图文部分与空白部分属于同一平面，没有高低之分的印版方式。印版通过利用油与水相互排斥的特性，先使图文部分有一层亲油的油墨，空白部分则因为吸收了水分而排斥油墨，然后用上墨滚筒进行上墨，让印版中亲油的图文部分吸附油墨。这样，通过承印物与印版的接触，印版上图文部分的油墨就转印到承印物上了。平版印刷工艺简单、成本低廉、印刷效果好，是现今使用最多的一种印刷方法。

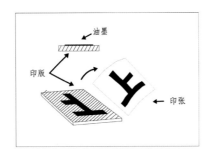

图 9-2-5 平版印刷图解

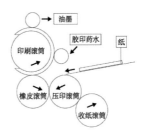

图 9-2-6 平版印刷流程示意图

四、丝网印刷

丝网印刷是采用丝网为印版材料，也称孔版印刷。丝网印刷的工作原理是，油墨装置在印版上,承印物在印版下面,墨料通过穿透丝网网眼,把图文信息转印在承印物上。丝网与其他印刷方式相比,具有对设备要求低、承印物类型广泛、可适用墨料种类多和制版方式多样等优点,但印版的耐印力低,印刷速度不高,不适合进行批量化印制。

丝网印刷通常在以下情况下较为适用:(1)承印物数量不大;(2)承印物为包括纸在内的特殊材料,如塑料、棉麻、陶瓷、金属和玻璃等;(3)图形精度要求不高,丝网只适合不小于20%不大于80%的网点印刷;(4)承印物需要特殊墨料表现的。

丝网印版的制作方法可以分为三种:直接制版法、间接制版法和直间混合制版法。

1.直接制版法

直接制版法:在绷好的网版上涂布感光胶,待干燥后再将图文软片贴于涂有感光胶的网版面上进行曝光,使图文软片的透明部分感光硬化,图文部分不透光,感光胶不硬化,冲洗显影后形成网孔,制成印版。直接制版法是使用最为广泛的一种方法,其特点是成本低,工艺简单,但多为手工操作。

2.间接制版法

间接制版的方法是将间接菲林首先进行曝光,用1.2%的 H_2O_2 硬化后用温水显影,干燥后制成可剥离图形底片,制版时将图形底片胶膜面与绷好的丝网贴紧,通过挤压使胶膜与湿润丝网贴实,揭下片基,用风吹干,就制成了丝印网版。这种方法的缺点是膜版与丝网的表面粘接不是很牢固,耐印力差,现在已经很少使用。

3.直间混合制版法

直间混合制版法是综合直接制版法和间接制版法的一种制版方法,原理是先把感光胶层用水、醇或感光胶粘贴在丝网网框上,经热风干燥后,揭去感光胶片的片基,然后晒版,显影处理后即制成丝网版。

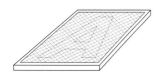 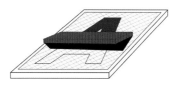 

图 9-2-7(1)　工序一:通过上感光漆和曝光,得到所需承印的图形丝网印版。固定好印版,并放置在承印物上。

图 9-2-7(2)　工序二:利用刮墨板把油墨覆盖在丝网印版上来回刮。

图 9-2-7(3)　工序三:移开丝网印版,可以看到图案已经印制在承印物上了。

五、数字印刷

数字印刷出现在 20 世纪 80 年代中期,是一种无版印刷,即没有印版的印刷。它通过数字信息来控制电脑等设备,把图文色彩等直接用油墨转印到承印物上,是印刷技术革新的一个标志,表明了未来印刷技术的发展方向。

数字印刷高度依赖电脑,其工作原理是,设计者把完成的设计稿输入到电脑,通过 RIP 软件处理,使之成为相应的单色像素数字信号并传到激光控制器上,发出相应的激光束,对印刷滚筒进行扫描。由感光材料制成的印刷滚筒经感光后形成可以吸附油墨的图文,并转印到承印物上。

数字印刷精度高、质量优、速度快、易于操作,是现在最受欢迎的印制方式。

图 9-2-8 数字印刷机　　　　　图 9-2-9 数字印刷机内部

第三节 书籍的装订

书籍的装订是书籍设计中涉及工艺问题最多的一个环节。特别是在科技进步的今天,出现了很多新的工艺,导致更多装订方式的产生。作为设计师,需要进行多方面的考虑,结合书籍自身的内容和特点选择装订方式,综合考虑美观、实用和成本等问题。在这里我们将重点介绍书籍设计中的几种常见的装订方式。

一、折页

折页是所有装订方式中工序最少、印刷成型最快的一种装订方式。它无需对印刷品进行分页裁切,只需通过前页与后页的对折即可完成。折页的形式主要有包心折、翻身折和双对折三种。折页的应用非常广泛,常见于宣传册、图册等。

图 9-3-1　折页一

图 9-3-2　折页二

图 9-3-3　折页三

图 9-3-4　折页四

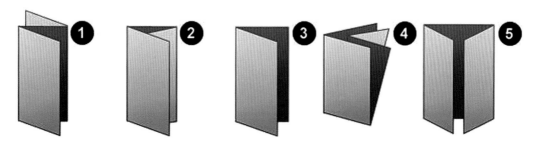

图 9-3-5　各式折页结构

二、骑马订

骑马订是书籍装订最常用的形式之一。所谓骑马订就是用截取好的铁丝从书的书脊折缝处向内穿进去,最后将铁丝弯曲固定。骑马订是一种较简单的订书方法,工艺流程短,出书速度快。但骑马订的装订牢度不理想,且铁丝难以穿透较厚的纸张,所以,有较多页码的书籍一般不用骑马订的装订方式。如果要使用骑马订的装订方式,书籍的页码以不超过 120 页为宜。从美观来讲,如果页数太多,书脊容易鼓起,书籍内页也会突出。骑马订适用于页数较少的画册、宣传册、杂志等。

图 9-3-6　骑马订一

图 9-3-7　骑马订二

图 9-3-8　骑马订局部一

图 9-3-9　骑马订局部二

图 9-3-10　骑马订图解

三、环订

环订也是生活中常见的书籍装订方式，是一种简易的装订方法。环订的材料通常选用金属和塑料两种，以绕圈的螺旋形式为主。在装订时，首先在书籍的订口处打一排大小一致的孔洞，然后把螺旋线穿过这些孔洞，这样就把每个页面连接在一起了。日常用的写字本、手册、日历都常使用环订。

图 9-3-11　双圈环订

图 9-3-12　螺旋环订

图 9-3-13　热塑环订

图 9-3-14　各式环订

四、锁线订

锁线订是一种用纤维丝连接的装订方式。它类似于我们缝纫衣服。锁线订通过用针和纤维丝一针一线地把书心内所有页张整齐地订在一起。其具体可分为普通平锁、交错平锁和交叉锁三种方式。锁线订的优点是结实、耐用，便于保存。精装书籍多采用此种装订形式，也见于有线胶装中。

图 9-3-15　锁线订书籍侧面

图 9-3-16　锁线订细节一

图 9-3-17　锁线订细节二

图 9-3-18　锁线订细节三

五、无线胶装

无线胶装即无需借助锁线，而采用粘性较强的胶粘剂，将码整齐的书心订联的方法。此种胶粘剂韧性好，强度高，可以把每一页粘牢。在上胶前，需要在订口进行切割、打磨，以加大粘剂的接触面，增强粘剂的强度。无线胶装是目前杂志、小说等普遍采用的装订方式。

六、精装

精装是一种精美的书籍装订方式。它多用于一些典藏书籍，具有一定的收藏价值。精装书

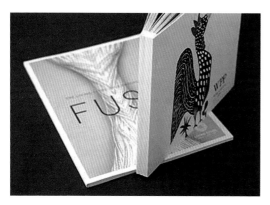

图 9-3-19　无线胶装书籍侧面

图 9-3-20　无线胶装细节一

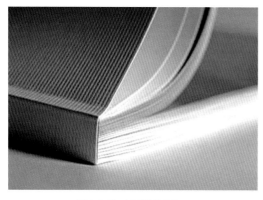

图 9-3-21　无线胶装细节二

图 9-3-22　无线胶装细节三

籍做工复杂,书封常用硬质的材料,外有函套,内有环衬。精装书籍在书的封面、书心的脊背和书角上做工也颇为讲究,最突出的地方就是书脊部分。书脊的上下两端分别有堵布头牢牢地贴在书脊的书心上,不但保护了书脊的两端,而且更为美观。

图 9-3-23　精装书籍内文

图 9-3-24　精装书籍侧面一

图 9-3-25 精装书籍侧面二

图 9-3-26 精装书籍外观

图 9-3-27 精装《子夜》(吕敬人)

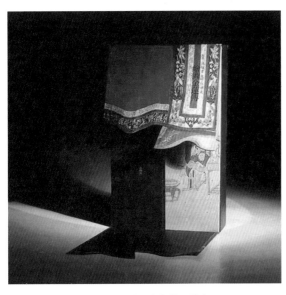

图 9-3-28 《绘图金莲传》(吕敬人)

图 9-3-29 《赵氏孤儿》(吕敬人)

七、新的装订形式

　　除了以上介绍的装订方式，还有一些由于书籍自身设计风格的需要而产生的装订方式。它们的出现极大丰富了书籍装订的形式，为书籍设计在装订创新上开辟了一条大道。

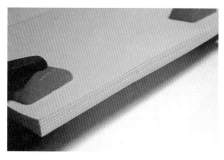

图 9-3-30　带塑料装置的等线装书籍

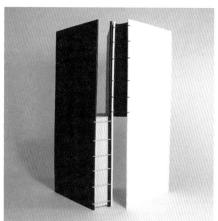

图 9-3-31　双向上下开线装书籍

图 9-3-32　裸露订连线装书籍

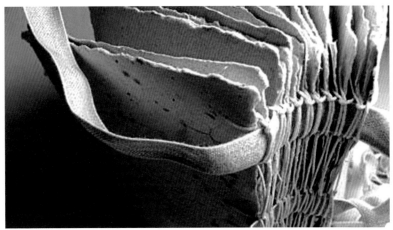

图 9-3-33　方便携带的线装书籍

第四节　书籍的后期工艺

　　书籍的后期工艺是书籍制作的最后一道工序。其工艺多用在书封上,有时也用在内页中。后期工艺包含了覆膜、上光油、UV 上光、起凸等,其最终目的是增强印刷品的感染力。好的书籍设计往往也通过后期工艺使读者过目难忘。下面就来介绍一些后期工艺的原理和特点。

一、覆膜

　　覆膜是将一种透明塑料薄膜通过热压的方式覆贴在印刷品表面的工艺。这种工艺类似于相片的过胶处理。经覆膜处理的印刷品表面会产生光泽,可以起到美化和保护的作用。

　　覆膜工艺成本低、周期短、效率高,但容易出现翘边、气泡、起皱、脱层等现象。覆膜有覆哑膜和覆亮膜之分(见图 9-4-1、图 9-4-2)。

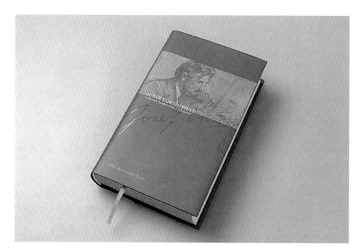

图 9-4-1　哑膜

图 9-4-2　亮膜

二、上光油

　　上光油是通过在印刷品表面施以一层透明液态涂料，使印刷品产生光泽感的后期工艺。上光油后的印刷品表面明显比使用覆膜工艺的印刷品更为光滑，油墨层也更为饱满光亮。上光油主要用于增强印刷品的光泽，使印刷品保洁耐用和提高印刷品的档次。一般来说，上光油工艺包括光泽性上光、哑光上光和特殊涂料上光三种。

图 9-4-3　全上光

图 9-4-4　局部上光

三、UV 上光

　　UV 上光是利用紫外线将上光涂料照射并固化在印刷品表面的上光工艺，也是现在印刷品上光常用的一种。UV 上光固化速度快，脱机后即可叠起堆放；材料较为环保，成本也比覆膜和普通上光油低；重要的是，UV 上光质量好，经 UV 上光的印刷品色彩鲜活亮丽，光泽饱满滋润，而且固化后的涂层更为光滑耐磨，利于书籍的保护。通常来说，UV 上光和上光油上光的对象都可以是满版或局部区域。

图 9-4-5　名片上的 UV 上光(1)

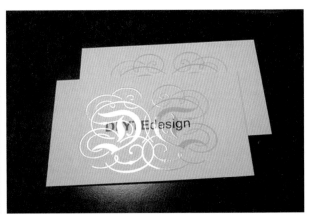

图 9-4-6　名片上的 UV 上光(2)

图 9-4-7　商业卡片上的 UV 上光

四、烫金

烫金也称为电化铝烫印或烫箔。其原理是通过热压将金属箔或颜料箔转印到印刷品表面的工艺方法。烫金在印刷品的表面有较好的装饰效果，可以提高印刷品的品质感和档次。

烫金工艺包括平压烫金和浮雕烫金两种形式。就两者效果来看，平压烫金在印刷品表面无任何高低变化，而浮雕烫金在印刷品表面形成明显的凹凸变化，更显厚重，装饰效果更强。

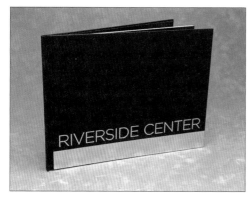

图 9-4-8　烫银

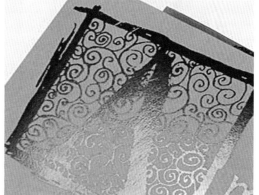

图 9-4-9　烫金

图 9-4-10　烫铜

图 9-4-11　烫彩

五、起凸和压凹

起凸和压凹是能在印刷品表面形成立体凹凸形状的一种工艺，它不需任何油墨，只通过正反型的印版相互挤压印刷品即可。其工艺可以造成印刷品表面强烈的浮雕效果，增加平面元素的活力。在具体的应用中可与烫金等工艺结合,增强作品的感染力。在起凸和压凹工艺中,纸张应以不低于 200 克为宜。

图 9-4-12　名片起凸

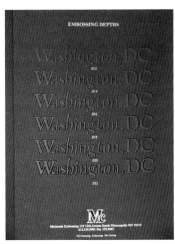

图 9-4-13　硬壳封面起凸

图 9-4-14　硬壳封面压凹

图 9-4-15　高档宣传封面起凸

六、模切

　　模切是将钢刀排成模框,通过模切机的压力作用把印刷品轧切成所需要的独特形状。模切使书籍可以按照设计师的意愿呈现更多的趣味性,丰富了书籍的层次。常见于印刷品的图形镂空、文字镂空等就是使用了模切工艺。

图 9-4-16　封面字母模切

图 9-4-17　卡片字母模切

图 9-4-18　非标准模切(1)

图 9-4-19　非标准模切(2)

▍**第五节　案例赏析**

　　图 9-5-1 是香港著名设计师刘小康先生的《椅子戏》作品。册子内容是刘小康先生关于椅子的设计作品集,里面着重展示了先生多年来对椅子独到的见解及实践。整本册子为呼应椅子的概念性,用了特殊的装帧工艺和后期工艺来凸显(见图 9-5-1)。

具体而言,首先是装订的方式:红色的线有别于我们通常的锁线结构,非常密集紧实,最后还留出了线头,其结构完全裸露在书脊外部,强化了工艺结构的美感;

其次是封面巧妙地利用覆膜容易起泡的特点,特意通过密集的点突出椅子的形状,做到了我中有你,你中有我,近似天成,却又不尽然,非常耐人寻味。

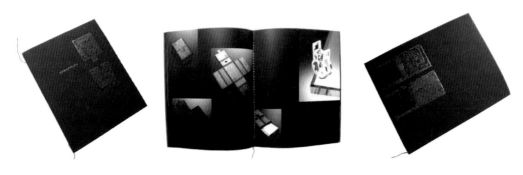

图 9-5-1　刘小康的《椅子戏》

课题训练

1. 课题内容:制作一套画册。画册以 3~5 本为宜,每本页码不少于 4P,不大于 10P,画册内容和形式不限,根据自己选定的内容制作。

2. 训练目的:通过训练,加深学生对纸张的认识和对成型所涉及工艺的理解,同时加强学生的动手能力。

3. 课题要求:在系列画册中,应体现:

(1)对纸张的理解;

(2)印刷方式和装订方式的合理选择;

(3)后期工艺的充分运用;

(4)对概念性主题的扩展力。

4. 完成时间:12 学时。

建议活动

1. 上网或实地了解"刚古纸业"和"协茂纸业"旗下纸的品种和特点。

2. 实地了解印刷企业所使用的机器、印刷流程及原理。

3. 留意使用特殊工艺制作的书籍,并进行收藏或拍照。

后记

　　参与本教材编写的诸位老师都在高校从事本专业教学工作多年,有教学十几年经验丰富的副教授,有海外留学归来的硕士研究生,有从事本专业教学中坚力量的讲师。大家有一个共同的心愿:把多年的教学和实践经验汇总起来,编写一本实用性强的教材,在编写过程中尽量做到理性、简洁、易懂,让学生能轻松读懂。

　　本书由全国四所高等院校的 7 位教师共同编写,由广东韩山师范学院章慧珍、周成担任主编,确定本书的框架结构、章节,湖北武汉工业学院黄曦,重庆长江师范学院谭军,湛江师范学院吴爱珍、张敏,广东韩山师范学院谭晶等担任副主编,最后由章慧珍副教授统稿。在此,感谢对本书编写工作给予支持和帮助的各院校参与编写的师生们。

　　在编写本书的过程中,我们查阅了大量的文献资料,使用大量的图片帮助说明、辅助相关内容,图片来自参考文献和互联网,我们尽量标明来源,但部分图片难以一一标明出处,在此特向原作者致歉并表示诚挚的感谢!

　　本书的策划、出版得到华中师范大学出版社的大力支持,出版社高校教材编辑室刘晓嘉主任的热情帮助,本书的责任编辑何国梅、周孔强为全书的编辑、审阅付出了心力,在此一并表示衷心的感谢!

　　由于时间紧、任务重以及阅历、经验的限制,书中难免存在不足或出现问题,恳请各位专家、同仁及读者给予批评指正。

章慧珍

2014 年 8 月于潮州澄心斋